计算机网络实验教程

殷建军　崔金荣　主编

哈爾濱工程大學出版社
Harbin Engineering University Press

内容简介

计算机网络是普通高等院校计算机类相关专业的核心课程之一，在5G时代也是其他专业学生选修的热门课程。在学习过程中，学生普遍感觉计算机网络原理抽象、理论复杂，学习不易，主要原因在于学习过程中没有将理论与实践很好地结合起来，缺乏较好的实践训练。

本书从网络工程的角度出发，在内容上与当前国内计算机网络主流教材保持一致，以Cisco Packet Tracer软件为实验平台，精心安排了17个实验，每个实验详细地介绍了实验目的、内容、原理、流程、步骤和分析讨论等，并与相关理论知识相互印证，以期加强读者对计算机网络原理的理解，并掌握一定的组网能力和网络设计、故障排除能力。

本书可以作为计算机网络课程的实验教材，也可作为用Cisco网络设备进行网络设计的工程技术人员的参考用书。

图书在版编目(CIP)数据

计算机网络实验教程／殷建军，崔金荣主编．—哈尔滨：哈尔滨工程大学出版社，2022.10
ISBN 978-7-5661-3412-7

Ⅰ．①计… Ⅱ．①殷… ②崔… Ⅲ．①计算机网络-实验-高等学校-教材 Ⅳ．①TP393-33

中国版本图书馆CIP数据核字(2022)第216415号

计算机网络实验教程
JISUANJI WANGLUO SHIYAN JIAOCHENG

选题策划 邹德萍
责任编辑 张 彦 王雨石
封面设计 李海波

出版发行 哈尔滨工程大学出版社
社　　址 哈尔滨市南岗区南通大街145号
邮政编码 150001
发行电话 0451-82519328
传　　真 0451-82519699
经　　销 新华书店
印　　刷 哈尔滨市石桥印务有限公司
开　　本 787 mm×1 092 mm 1/16
印　　张 9
字　　数 233千字
版　　次 2022年10月第1版
印　　次 2022年10月第1次印刷
定　　价 39.80元
http://www.hrbeupress.com
E-mail:heupress@hrbeu.edu.cn

前　言

计算机网络课程是高校计算机类专业的一门核心专业课,也是一门实践性很强的课程。课程内容广、系统性强、细节多,很多内容抽象难懂,给学生的学习造成了困难。只有通过实践训练,实行理论与实践相结合,才能加深学生对理论知识的理解,同时培养学生分析问题和解决问题的能力。目前很多高校不具备设计和实施各种类型网络的专业网络实验室,因此,采用 Cisco Packet Tracer 仿真软件进行模拟实验是一个不错的选择。

Cisco Packet Tracer 是一个非常理想的软件实验平台,可以完成各种规模校园网和企业网的设计、配置和调试过程,也可以详细模拟各种协议的执行过程,非常适合作为计算机网络实验的仿真软件。为此,编者在自己多年计算机网络课程的教学和实践经验基础上,结合当前最新的计算机网络技术,基于 Cisco Packet Tracer Student 6.2 编写了本书。本书紧密结合当前主流计算机网络教材的课程内容,精心设计了 17 个实验项目,每个项目力求强化学生对原理知识和通信过程的深入理解,并融会贯通。项目内容覆盖了计算机网络体系结构各个层次,并在重要层次(例如网络层)有所侧重,做到重点突出。全书分为十章,除第一章介绍实验基础外,其余每章包含 1 ~3 个实验,每个实验都详细地介绍了实验目的、实验内容、实验原理知识、实验流程、实验详细步骤,最后针对实验内容和过程提出了具有挑战性的问题,供学生思考,激发学生的探索精神。

本书第一章主要介绍了 Cisco Packet Tracer Student 6.2 的功能和使用方法。第二章围绕以太网,着重介绍交换机工作原理和 VLAN 实验。第三章介绍了静态路由和默认路由实验。第四章围绕 RIP 路由协议,深入介绍了 RIPv1 协议配置及 RIPv1 和 RIPv2 的对比分析。第五章分别介绍了单区域和多区域 OSPF 路由协议配置实验。第六章分别介绍了通过三层交换机和单臂路由实现 VLAN 间通信的实验。第七章重点介绍了标准 ACL、扩展 ACL 及 ACL 控制虚拟终端的应用实验。第八章重点介绍了静态 NAT、动态 NAT 及 PAT 的应用实验。第九章介绍了应用层常用的 DHCP 协议的配置实验。本书第十章,是一个综合性的实验项目,其内容既是对前面章节知识的综合应用,又提供给读者一个接近于真实需求的网络综合设计。

本书适合作为计算机网络和网络工程课程的实验、实训指导书,可供高校 IT 专业的本科生、专科生学习,也可以作为采用 Cisco 网络设备进行网络设计的工程技术人员的参考书。

由于学识水平和时间有限,加之本书内容涉及的网络技术和软件平台仍在不断的发展之中,书中难免存在错误和不足,敬请读者批评指正。

编　者

2022 年 8 月

目　　录

第一章　实验基础

Cisco Packet Tracer 是一个非常理想的软件实验平台，可以完成各种规模校园网和企业网的设计、配置和调试过程，也可以详细模拟各种协议的执行过程。快速掌握 Cisco Packet Tracer 的功能和使用方法，对高质量完成计算机网络实验非常重要。本章将初步和概括性地介绍 Cisco Packet Tracer 的主要功能和使用方法，为读者和实验人员尽快掌握 Cisco Packet Tracer 奠定基础。

1.1　Packet Tracer 概述

Packet Tracer(简称 PT)是思科公司(Cisco)推出的一款功能强大的网络仿真软件，可用于计算机网络的设计、配置、调试和故障排除等，用户体验好，特别适合初学者使用。

Packet Tracer 具有以下特点。

(1)简单易学：Packet Tracer 提供了简单的网络设备互连，可以在不了解网络具体的传输过程的情况下，设计简单的网络，初学者易上手。

(2)界面真实直观：Packet Tracer 界面操作所见即所得，所有网络设备的外观和功能都接近于真实设备，给操作者提供非常好操作体验。

(3)操作方便：Packet Tracer 中的大部分设备都提供具体的操作，常用的路由器、交换机等还提供命令配置和控制。

(4)可查看数据包走向：使用者可以模拟让某个网络发送一串用户自定义的数据包来测试网络，此功能常被用来检测网络故障。Packet Tracer 还配置有一个全局网络探测器，可以显示模拟数据包的传送路线，并显示各种模式。

(5)具有逻辑空间和物理空间两种模式：逻辑空间模式用于进行逻辑拓扑结构的实现；物理空间模式支持构建城市、楼宇、办公室、配线间等虚拟设置。

(6)提供实时和模拟两种模式：在实时模式下，网络行为和真实环境一样，没有动画，实时响应；在模拟模式下，可以手动控制单步执行，动画演示数据包传输过程，便于对数据包进行协议分析。

1.2　Packet Tracer 的工作界面

打开 Cisco Packet Tracer Student 6.2 软件后，其工作界面如图 1－1 所示。工作界面主要包括菜单栏、工具栏、通用工具栏、逻辑/物理导航栏、工作区、设备类型栏、设备选择栏、实时/模拟导航栏和用户创建分组窗口等。

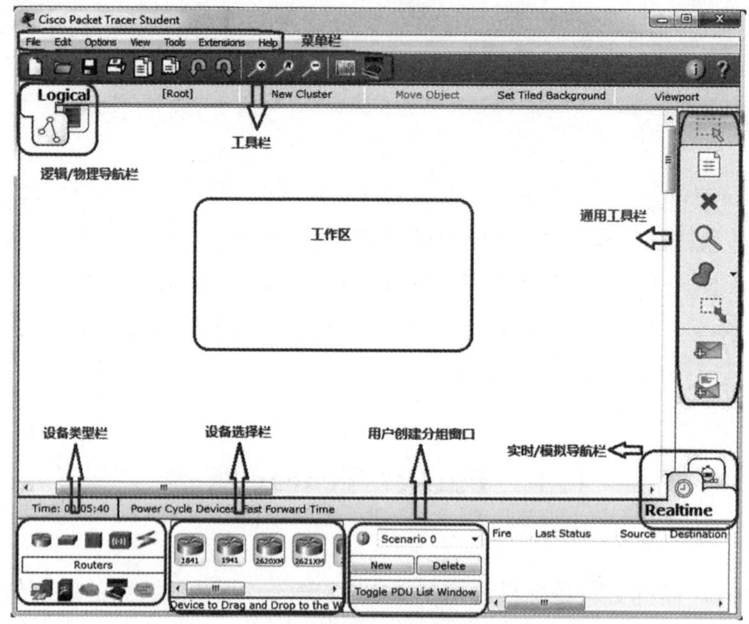

图 1－1　Cisco Packet Tracer Student 的工作界面

下面对工作界面主要模块的功能进行简单介绍。

(1)菜单栏

菜单栏包含 7 个菜单:文件(File)、编辑(Edit)、选项(Options)、视图(View)、工具(Tools)、扩展(Extensions)和帮助(Help)。

(2)工具栏

工具栏包含 Packet Tracer 的常用命令,这些命令是菜单栏的快捷方式。

(3)通用工具栏

通用工具栏其实就是一组快速按钮,包含对工作区中构件进行操作的快捷工具,主要包括选择、注释、删除、查看、绘图、图形调整、添加简单数据包和添加复杂数据包。

(4)逻辑/物理导航栏

逻辑/物理导航栏包含逻辑(Logical)和物理(Physical)两个按钮,可实现逻辑工作区和物理工作区的切换。

(5)工作区

作为逻辑工作区时,被用于设计网络拓扑结构、配置网络设备、检测端到端连通性、监控模拟过程、查看各种信息和统计数据;作为物理工作区时,可以给出城市布局、城市内建筑物布局和建筑物内配线间布局等。

(6)设备类型栏

设备类型栏为部署网络拓扑结构提供设备类型选择,此栏主要包括路由器、交换机、集线器、无线设备、连线、终端设备和网云等。

(7)设备选择栏

设备选择栏提供各类具体型号的设备。添加网络设备时,需要先从设备类型栏中选择所需的设备类型,再从此栏选择具体型号的设备。

(8)实时/模拟导航栏

实对/模拟导航栏包含实时(Realtime)和模拟(Simulation)两个按钮,可实现实时模式和模拟模式的切换。实时模式是网络的基本运行模式,发出操作后,实时执行完成,不显示数据包的轨迹;而在模拟模式下,可以仔细观察数据包的轨迹,可以通过单步执行查看详细信息和观察每个执行过程。

(9)用户创建分组窗口

此窗口用于创建分组(数据包)并启动分组端到端传输过程。

1.3 Packet Tracer 的基本功能和使用方法

下面通过构建网络拓扑、配置网络设备、追踪和查看数据包 3 个方面初步了解 Packet Tracer 的基本功能和使用方法,本书后面的章节会更详细地介绍本软件的功能和使用方法。

1.3.1 构建网络拓扑

构建网络拓扑主要包括选择网络设备和设备间连线两个部分。

(1)选择网络设备

在设备类型栏中左键单击网络设备类型图标,在其右边(设备选择栏)就会出现对应的具体网络设备,可根据需要选择所需型号的设备。用鼠标左键单击所需设备,松开鼠标左键并将光标移动到工作区,再单击鼠标左键即可成功添加所需网络设备。当需要添加多个同种设备时,可以结合 Ctrl 键,实现连续添加设备,提高效率。具体方法是:先按住 Ctrl 键,再用鼠标左键单击所需的多个设备,然后松开 Ctrl 键和鼠标左键,移动鼠标光标到工作区,这时鼠标光标变成"+"形,再连续单击鼠标左键可添加多个同类设备。

(2)设备间连线

网络设备之间通过连线实现互连。一般来说,设备有多种接口,可以根据需要选择特定的线型。在 Packet Tracer 中,提供的线型从左至右依次为自动选线、控制线、直通线、交叉线、光纤、电话线、同轴电缆、数据终端设备(Data Communication Equipment,DCE)、数据电路终端设备(DTE)、一拖八控制线等。

①自动选线

自动选线是 Packet Tracer 中最特殊的一种连线,可实现自动选择线型和端口进行设备之间的连线,便于快速建立网络拓扑。如初学者不确定选择哪种线型,可以使用这种方式进行连线,非常快捷高效。

②控制线

控制线一般用于连接路由器、交换机等设备的 Console 端口与计算机的通信端口(如 com 口),然后再使用 Windows 系统下的超级终端等软件对设备进行控制。

③直通线和交叉线

直通线用于不同类型设备之间的连接,交叉线用于同类型设备之间的连接。一般来说,PC 机和路由器同属于终端型设备,而交换机和 HUB 同属于通信类设备。

④DCE 和 DTE

DCE 连线和 DTE 连线都属于串行连线,在连接路由器等设备的广域网接口时,需要用到串行连线。而在使用这种广域网连接的时候,需要定义 DTE 端和 DCE 端,DCE 通常作为时钟同步信号的发起方,DTE 端则作为时钟同步信号的接收方,这样两端可以实现同步。若需要两端正常工作,需要在 DCE 端的设备上设置时钟频率(clock rate)。

在设备之间连线后,可以看到各线缆两端有不同颜色的圆点,它们表示的含义如表 1-1 所示。

表 1-1 连线两端圆点的状态及其含义

连线上圆点的状态	含义
绿色	物理连接准备就绪,还没有 Line Protocol Status 的指示
闪烁的绿色	连接激活
红色	物理连接不通,没有信号
黄色	交换机端口处于"阻塞"状态

1.3.2 配置网络设备

选择网络设备并连线后,通常还需要对设备进行一些配置,使其能正常工作。下面以路由器 Router 为例,简单介绍设备的配置。

在工作区单击路由器,打开设备配置对话框,可以看到"Physical""Config""CLI"三个选项卡。

(1)Physical 选项卡

如图 1-2 所示,Physical 选项卡用于添加端口模块。在 MODULES 下面可以点击模块类型,左下方会出现该模块的说明信息,右下方出现对应模块,在 Physical Device View 中可以看到空槽。首先单击面板上的电源按钮,关闭电源,然后可将选择的模块拖入 Physical Device View 的空槽中,最后打开电源即可。图 1-2 展示了 Router 添加串口的步骤。

(2)Config 选项卡

Config 选项卡提供了简单配置路由器的图形化界面(图 1-3),当进行某项配置时,下方的 Equivalent IOS Commands 文本框会显示配置操作对应的命令。这是 Packet Tracer 中的快速配置方式,主要用于简单参数的配置,如接口的 IP 地址等,实际设备中没有这样的方式。

(3)CLI 选项卡

命令行接口(Command Line Interface,CLI)提供与实际 Cisco 设备完全相同的配置界面和配置过程(图 1-4),是需要重点掌握的配置方式,路由器和交换机等设备主要通过 CLI

进行配置。掌握这种方式的难点在于使用者需要掌握互联网操作系统(Internet Operating System,Cisco IOS)命令并熟练运用,后面的章节会逐步介绍。

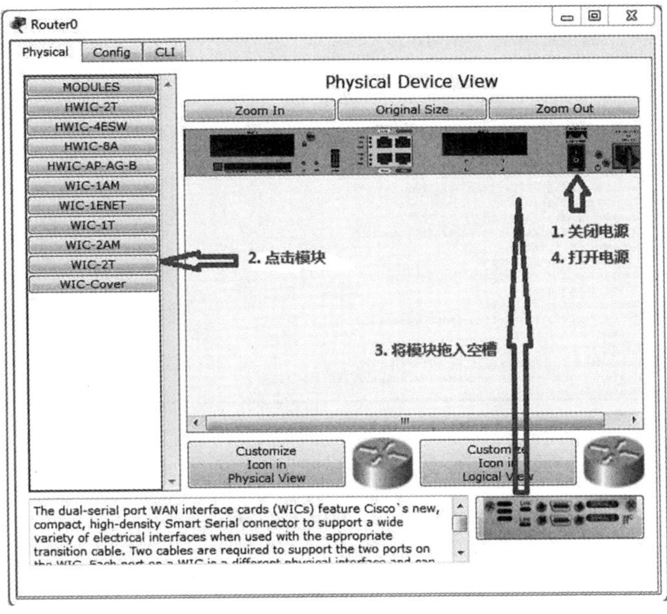

图 1-2 Physical 选项卡及模块添加步骤

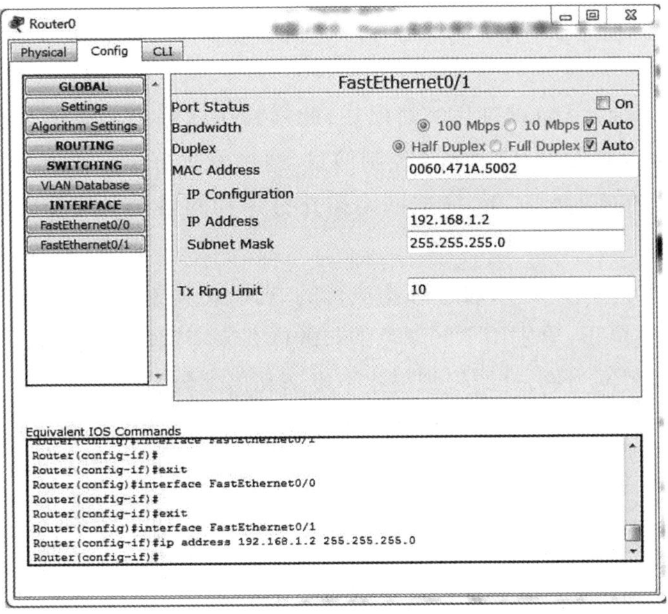

图 1-3 Config 选项卡

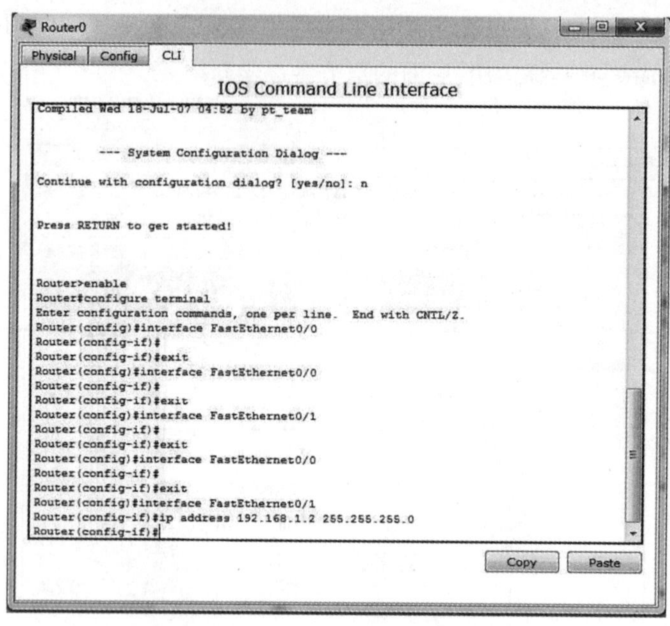

图 1-4　CLI 选项卡

1.3.3　追踪和查看数据包

Packet Tracer 不仅具有搭建网络拓扑和配置网络设备的功能，还具有网络仿真和调试的功能。Packet Tracer 具有两种工作模式：实时模式（Realtime Mode）和模拟（仿真）模式（Simulation Mode）。

默认情况下，Packet Tracer 使用实时模式，此模式仿真网络实际运行过程，用户可以检查网络设备配置以及转发表、路由表等控制信息，通过发送分组（主要通过 ping 操作）检测端到端的连通性。在实时模式下，完成网络拓扑搭建和网络设备配置后，网络设备自动完成相关协议的执行。

而在模拟模式下，用户可以通过单步执行的方式，慢慢地查看网络中数据包的流动情况，还可以将其分类标识，分别用不同颜色的包的样式来考察网络对于数据包的处理方法。

下面以集线器组网为例，介绍模拟模式下发送和追踪数据包的方法。

首先建立图 1-5 所示的网络拓扑结构，并对主机配置 IP 地址。单击主机，打开 Desktop 选项卡，再选择 IP Configuration 即可进行 IP 地址配置。图 1-5 中三台主机的 IP 地址可分别配置为 192.168.1.1、192.168.1.2 和 192.168.1.3，子网掩码会自动产生默认值。这是一个小型局域网，故网关和 DNS 服务器可以不配置，如图 1-6 所示。当然，单击主机后，也可以通过打开 Configure 选项卡进行 IP 地址配置。

配置完 IP 地址后，可以通过"添加数据包"按钮来添加网络数据包，如图 1-7 所示。这个操作有点类似真实环境中的 ping 操作，但它比 ping 操作有更多的选项，并以图形化的方式显示，能够让用户直观、详细地了解数据包的运动过程和轨迹，有助于加强对网络协议和网络设备功能的理解。

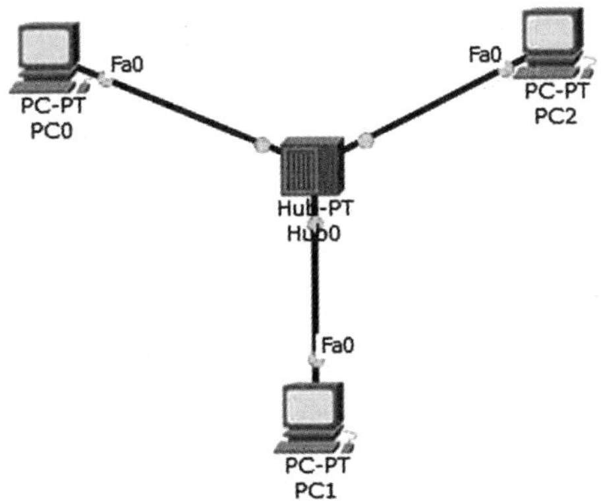

图 1－5　集线器组网

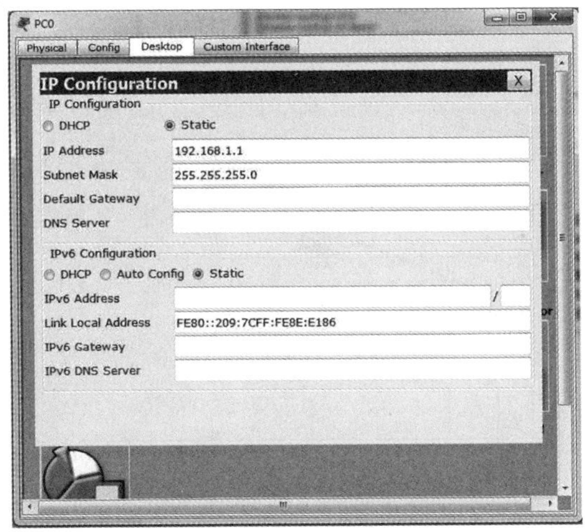

图 1－6　主机 IP 地址配置

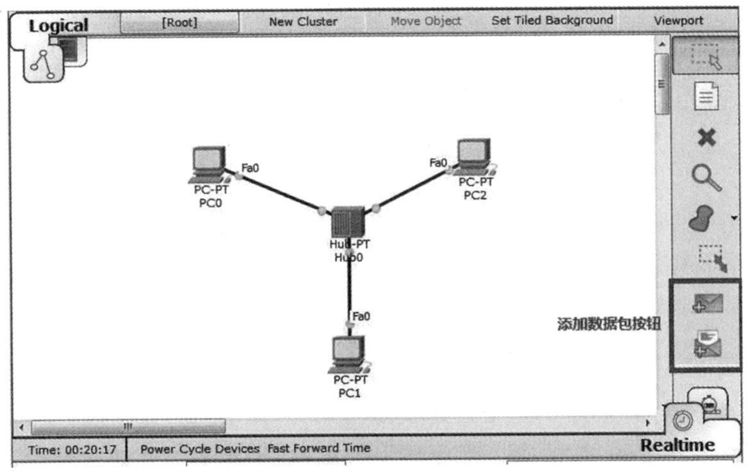

图 1－7　添加数据包按钮

然后单击“Add Simple PDU”按钮，指针会变成一个信封的样式，且左上角有个“ + ”，先单击发送数据包的源端（PC0），再单击接收数据包的目的端（PC1），这样就会使数据包从PC0 流向 PC1。需要注意的是：网络设备必须使用 IP 协议栈（本例中主机须如上所述配置IP 地址）才可以发送 IP 数据包，否则就会出错。

首先切换至模拟模式，在 Packet Tracer 的工作区右上方会出现“Simulation Panel”面板，其中“Event List”对话框显示当前捕获到的数据包的详细信息，包括持续时间、源设备、目的设备、协议类型和协议详细信息。采用上述方法添加数据包后（也可以采用 PC0 ping PC1 的方式）后，单击“Capture/Forward”可以在网络拓扑中逐步观看数据包的发送过程和轨迹，而“Event List”对话框则不断输出数据包发送过程中的事件，如图 1 – 8 所示。用户可以通过“Back”“Auto Capture”和“Capture/Forward”这几个按钮，反复观看数据包的发送过程，这对初学者非常有益，使大家可以更清晰地观察特定协议包的封装及其传输轨迹。

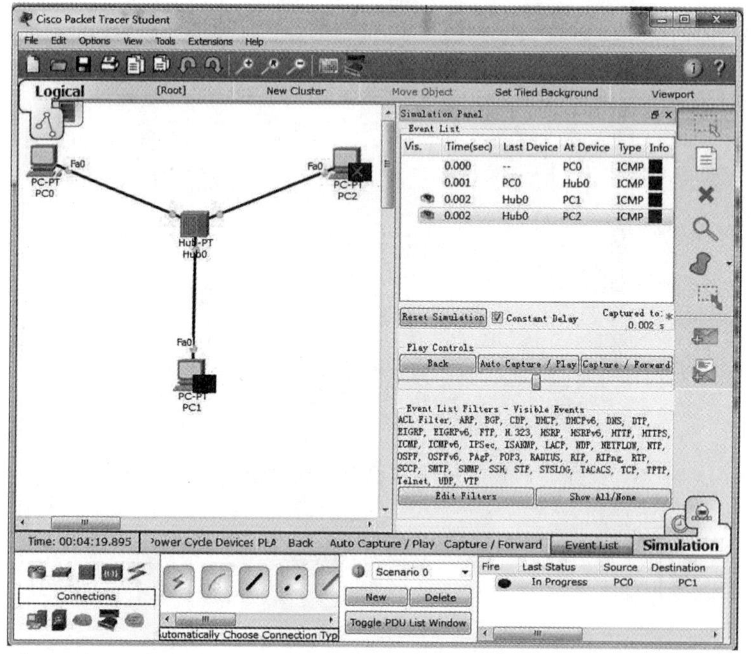

图 1 – 8　在模拟模式下查看数据包的轨迹

点击“Event List”对话框的“Info”可以看到很详细的 OSI 模型信息和各层 PDU，如图1 – 9所示。在其他实验场景下，可能会有多个网络协议在运行，可以点击“Edit Filters”对协议进行过滤，选择某一种或几种特定协议来观察数据包。

在这个集线器组网实验中，我们可以发现，从 PC0 发出的数据包，经过集线器后，同时转发给了 PC1 和 PC2，而只有 PC1 是目的端，故 PC2 丢弃收到的数据包。这说明，集线器的功能就是除了数据入口外，其他端口都要转发数据包，这与第二章讲述的交换机转发原理有很大不同。

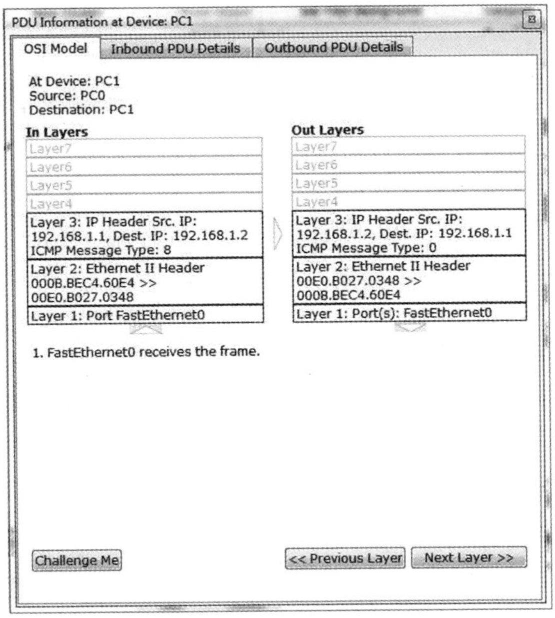

图 1－9　数据包的结构信息

1.4　IOS 命令模式

IOS 用户界面是命令行接口界面，用户通过输入命令实现对网络设备的配置和管理。为了安全，IOS 提供了三种命令行模式，分别是用户模式、特权模式和全局配置模式。

1.4.1　用户模式

用户模式是权限最低的命令行模式，用户只能通过命令查看一些网络设备的状态信息和统计信息，不能配置网络设备，不能修改网络设备的状态和控制信息。用户打开网络设备的 CLI 界面后，按 Enter 键，即可进入用户模式。

1.4.2　特权模式

在用户模式下，输入 enable（可简写为 en）命令，即可进入特权模式，用户在该模式下可以修改网络设备的状态和控制信息，但不能配置网络设备。

1.4.3　全局配置模式

在特权模式下，输入 config terminal（可简写为 conf t）命令，即可进入全局配置模式，用户在该模式下可对整个网络设备进行有效的配置。全局配置模式下又可根据需要进入接口配置模式和线路配置模式。

（1）接口配置模式

在全局模式下，输入 interface fastethernet 0/1（可简写为 int f0/1），可进入接口配置模式,也就是针对 f0/1 接口进行配置,例如设定 IP 地址等。

(2)线路配置模式

在全局模式下,输入 line vty 0 4,可进入设备的线路配置模式,进行虚通道的设置(0 4 代表支持 5 个通道),如远程登录。

为了方便读者快速掌握 IOS 提供的几种模式,图 1-10 以 Router 为例,概括了几种模式之间的切换的方法。

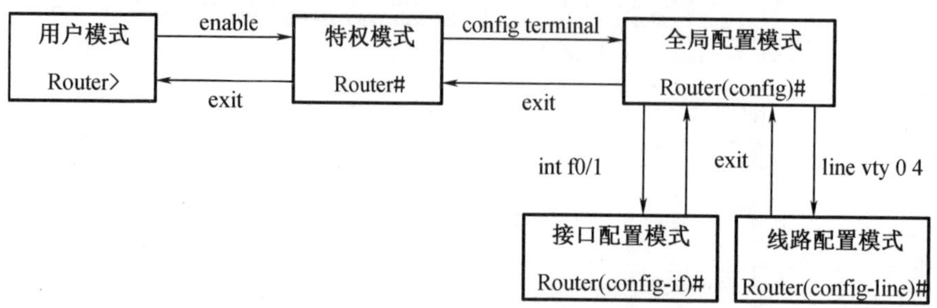

图 1-10 IOS 命令行模式及其切换方法

第二章　以太网原理

以太网交换机是目前局域网中最常用的组网设备之一，它工作在数据链路层，所以常被称为二层交换机（L2 switch）。实际上，还有工作在网络层的三层交换机，其功能与路由器类似。为了表述方便，本书所述的交换机一般指二层交换机。交换机是交换式以太网的关键设备，本章将从交换机的工作原理和交换机构建虚拟局域网（Virtual Local Area Network，VLAN）两个方面来学习交换机的功能和应用。

实验一　交换机工作原理

1. 实验目的

(1)理解二层交换机的原理及工作方式
(2)理解二层交换机交换表的自学习功能
(3)理解交换机与集线器功能的差异
(4)掌握仿真模式下查看数据包轨迹的方法

2. 实验内容

(1)搭建一个交换式局域网
(2)配置主机 IP 地址
(3)查看交换机的交换表
(4)观察交换机的转发过程

3. 实验原理

(1)交换机基本工作原理

数据链路层传输的协议数据单元（PDU）是帧，交换机收到一个帧后，根据帧的目的 MAC 地址，查询交换机的交换表，选择对应端口转发或者把它丢掉（即过滤），而不是向其他端口广播，这与集线器端口广播的原理完全不同。交换机的这一工作原理能够极大地提升网络的性能。

交换机的这种转发特性，使得其端口间可以并行地通信，例如，端口 1 和端口 2 通信，并不影响端口 3 和端口 4 同时进行通信，这样可以提高交换机的吞吐率，这也是集线器不具备的。交换机通常有很多端口，常见的是 24 口和 48 口，端口一般都工作在全双工模式下。

(2)交换表自学习功能

交换机是一种即插即用设备,其内部的交换表是通过自学习算法自动逐步建立的。其主要思路为:刚开始交换表是空的,假设主机 A 通过交换机的端口 1 发送一个数据帧,则交换表记录主机 A 的 MAC 地址和端口 1 的对应关系,帧到达交换机后,查询不到对应转发端口,则进行广播(端口 1 除外)。假设 B 是目的主机,B 收到数据帧后保留,而其他主机则丢弃该数据帧。假设接下来主机 B 通过端口 2 给主机 C 发送帧,帧到达交换机后,查询不到对应转发端口,则进行广播(端口 1 和端口 2 除外),同时交换表记录主机 B 的 MAC 地址和端口 2 的对应关系。类似地,只要其他主机发送数据帧,则交换表记录其 MAC 地址和端口对应关系,经过一段时间后,交换表中的项目就逐渐增多了,以后再转发帧就可以直接查表,从对应端口转发,而不用广播了。

(3)交换机原理实验相关命令

交换机原理实验常用的命令及其功能如表 2-1 所示。

表 2-1　交换机原理实验常用命令及其功能

常用命令	功能
PC>arp -a	查看 PC 机 ARP 表
Switch#show mac-address-table	查看交换机的交换表
Switch#clear mac-address-table	清空交换机的交换表

4. 实验流程

本次实验用一台主机去 ping 另一台主机,并在仿真模式下观察 ARP 和 ICMP 分组的状态和轨迹,以理解交换机的转发过程和交换表的自学习过程。交换机原理实验流程如图 2-1 所示。

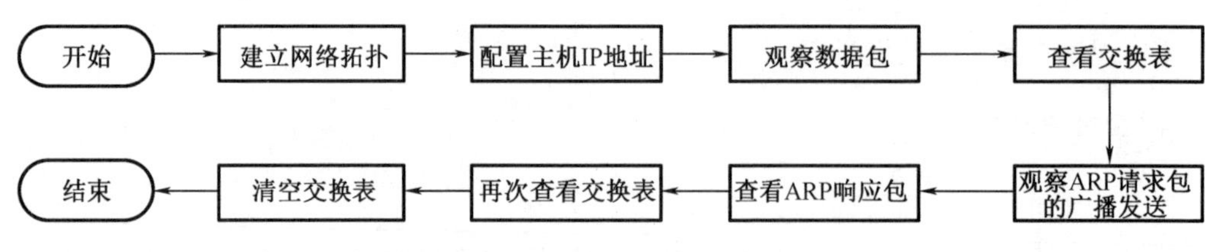

图 2-1　交换机原理实验流程图

5. 实验步骤

(1)建立网络拓扑

建立由 1 台交换机和 5 台 PC 机构成的星型网络拓扑,如图 2-2 所示。此时,网络刚刚建立,所以交换机的交换表是空的,可通过输入相关命令验证。

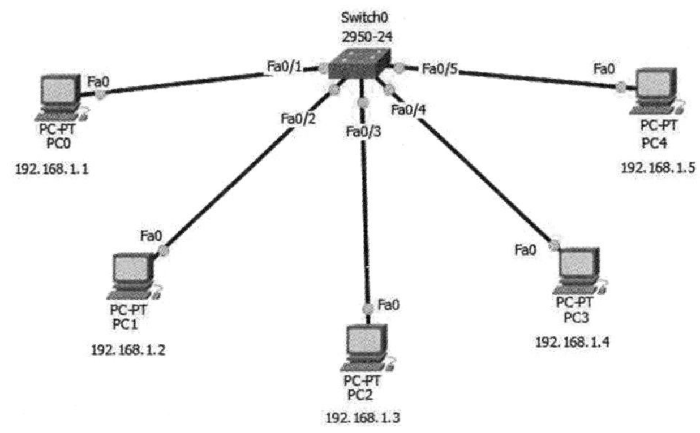

图 2－2　实验一网络拓扑结构

(2)配置主机 IP 地址

在工作区中单击 PC0,打开设备配置对话框,切换到"Desktop"选项卡,选中"Static"方式,输入 IP 地址:192.168.1.1,子网掩码自动生成,如图 2－3 所示。以相同的方法配置其他主机的 IP 地址。

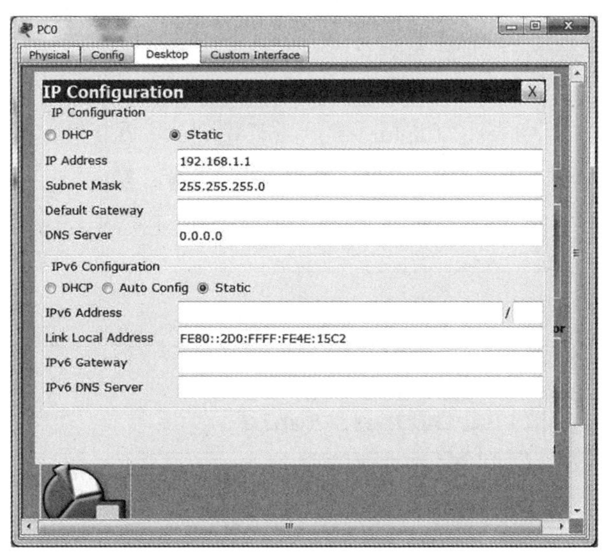

图 2－3　配置主机 IP 地址

(3)观察数据包

切换到仿真模式下,从 PC0 ping PC4,可以看到 PC0 主机图标上出现两个"信封",代表两种数据包,一种是 ping 命令对应的 ICMP 包(ping 就是 ICMP 协议的一个应用),另一种是 ARP 包(鼠标移动到信封上,可显示数据包的类型)。单击 PC0 处的 ARP 数据包,该数据包被封装成以太网广播帧,其源 MAC 地址就是 PC0 的 MAC 地址,其目的 MAC 地址为全 1,如图 2－4 所示。

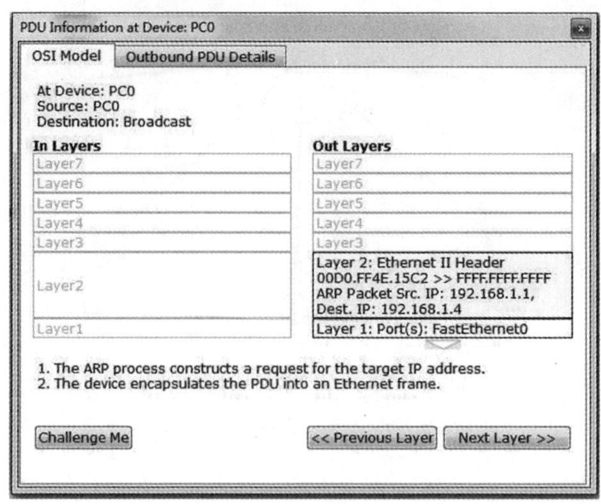

图 2－4　ARP 数据包信息

PC0 ping PC4 之所以会产生 ARP 请求包，是因为 PC0 的 ARP 缓存是空的（可以在 PC0 命令行输入“arp －a”来验证），所以 PC0 不知道 PC4 的 MAC 地址。在局域网内，主机之间通过 MAC 地址通信，而此时 PC0 只知道 PC4 的 IP 地址，而不知道其 MAC 地址，所以网络会先运行 ARP 协议以获取其 MAC 地址。

（4）查看交换表

在“Simulation Panel”中点击“Capture/Forward”按钮，当 PC0 发出的 ARP 请求包到达交换机后，交换机会学习到 ARP 包中的 MAC 地址和对应端口号，并记入交换表，这样交换机通过自学习算法增添了交换表的项目。通过命令查看交换表，可得到如图 2－5 所示的结果。

```
Switch>en
Switch#show mac address-table
          Mac Address Table
-------------------------------------------

Vlan    Mac Address       Type        Ports
----    -----------       --------    -----

   1    00d0.ff4e.15c2    DYNAMIC     Fa0/1
Switch#
```

图 2－5　ARP 请求包达到交换机后的交换表

（5）观察 ARP 请求包的广播发送

根据 ARP 的工作原理，ARP 请求包是以广播的形式进行发送的。继续点击“Capture/Forward”按钮，可以看到，当 ARP 请求包到达交换机后，会被交换机广播出去，如图 2－6 所示。但需要注意的是，此广播属于 ARP 的广播（目的 MAC 地址为全 1），而非交换机找不到转发表中的记录所进行的广播（此时 ICMP 包还没从 PC0 发出）。

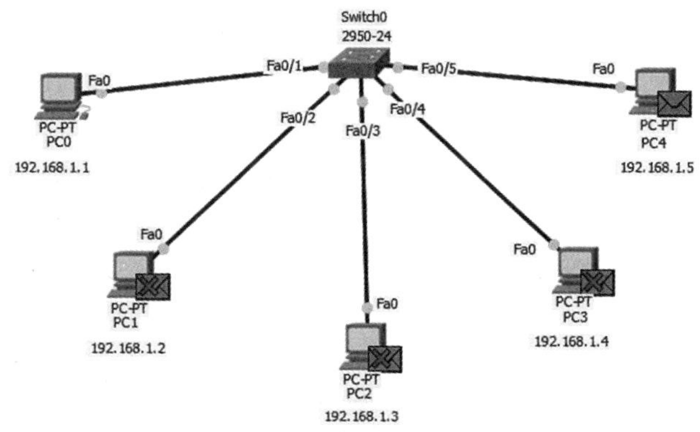

图 2 -6　ARP 分组被交换机广播出去

从图 2 -6 可看到，PC4 是 PC0 ping 操作的目的主机，因此，PC1、PC2 和 PC3 都会丢弃这个 ARP 包(“信封”上打“ ×”代表拒收数据包)，只有 PC4 会接收这个 ARP 包，并返回一个 ARP 响应包。

(6)查看 ARP 响应包

继续点击“Capture/Forward”按钮，PC4 收到 ARP 请求包后，发现自己的 IP 地址与请求的目的地址匹配，则返回一个 ARP 响应包到交换机。单击交换机上的 ARP 响应包，观察其目的 MAC 地址，对比发现就是 PC0 的 MAC 地址(图 2 -7)，这说明 ARP 响应包是单播发送的。

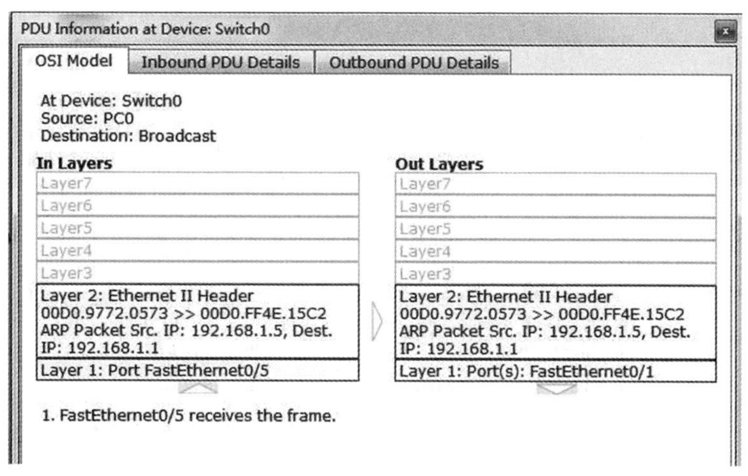

图 2 -7　ARP 响应包的信息

(7)再次查看交换表

当这个 ARP 响应包返回交换机后，交换机会按照自学习算法，将 PC4 的 MAC 地址和对应的端口号记入交换表。通过命令查看交换表，可得到如图 2 -8 所示的结果。

ARP 响应包到达交换机后，交换机直接将数据包从 Fa0/1 转发出去，这正是依据交换表转发的结果。

```
Switch>en
Switch#show mac address-table
          Mac Address Table
-------------------------------------------

Vlan    Mac Address       Type        Ports
----    -----------       --------    -----

   1    00d0.9772.0573    DYNAMIC     Fa0/5
   1    00d0.ff4e.15c2    DYNAMIC     Fa0/1
Switch#
```

图 2-8　ARP 响应包返回交换机后的交换表

(8)清空交换表

使用 clear 命令清除交换机的交换表,再次由 PC0 ping PC4,看看有什么变化?

从实验中我们看到:①不会产生 ARP 请求包,这是因为 PC0 的 ARP 缓存中已经保存有 PC4 的 MAC 地址;②PC0 产生的 ICMP 包到达交换机后,交换机会向其他所有端口进行转发,原因是交换机的交换表被清空,交换机需要重新按照自学习算法建立交换表。

6. 思考与分析

(1)从其他 PC 机上发出 ping 命令,再次查看交换机中的交换表,此时交换表的记录是几条? 什么情况下交换表会记录所有与交换机相连的 PC 机 MAC 地址及其对应端口?

(2)集线器与交换机的端口交换有何不同?

(3)如果 ARP 包经过路由器转发,则其源 MAC 地址和目的 MAC 地址会发生变化吗?

实验二　虚拟局域网 VLAN

1. 实验目的

(1)理解 VLAN 的概念、作用和应用场景

(2)理解基于端口的 VLAN 划分

(3)掌握二层交换机 VLAN 的配置

2. 实验内容

(1)搭建一个小型局域网并基于交换机创建 VLAN

(2)基于端口划分 VLAN 并配置 Trunk 链路

(3)实现 VLAN 内 PC 机互通

(4)观察 VLAN 隔离广播包

3. 实验原理

(1)交换式以太网的局限性

以太网交换机的问世,加速了以太网的普及应用。一个以太网交换机可以非常方便地连接几十台计算机,构成一个星型以太网。但交换式以太网通常存在两个缺点:

①一个以太网是一个广播域,广播域也可以理解为一个广播帧所能到达的范围。在以太网上经常会出现大量的广播帧,许多协议及应用通过广播来完成某些功能,例如 MAC 地址的查询、ARP 协议、DHCP 协议等,但过多的广播包在网络中会发生碰撞,一些广播帧会被重传,甚至产生"广播风暴"。这样,越来越多的广播包最终会将网络资源耗尽,使网络性能显著下降,甚至造成网络瘫痪。

②一个单位的以太网往往为几个部门所共享,但有些部门的信息是需要保密的(例如,财务部或人事部)。许多部门共享一个局域网时对信息安全不利。

(2)虚拟局域网及其优点

虚拟局域网(Virtual Local Area Network,VLAN)有由一些局域网网段构成的、与物理位置无关的逻辑组,而这些网段具有某些共同的需求。虚拟局域网标准定义在 IEEE 802.1Q 中。VLAN 其实只是局域网提供给用户的一种服务,而不是一种新型的局域网。VLAN 技术可将一个较大的局域网按照需求划分成几个较小的逻辑网络,每个逻辑网络就是一个广播域,而且与具体物理位置无关,这使得 VLAN 技术在局域网中被广泛使用。VLAN 具有以下优点。

①控制广播风暴。

每个 VLAN 属于一个广播域,通过划分不同的 VLAN,广播被限制在一个 VLAN 内部,不会传播到其他 VLAN,可有效减少广播对网络的不利影响。

②增强网络的安全性。

有敏感数据的用户组可通过 VLAN 与其他用户隔离,减小被广播监听而造成泄密的可能性。

③组网灵活,便于管理。

一个单位可以按照职能部门、项目组和其他管理需求来划分 VLAN,便于部门内部的资源共享和信息交互。VLAN 可将不同地址位置的用户划分到同一个逻辑组中,组网非常灵活方便。

(3)VLAN 的划分方法

VLAN 的划分大致可以分为以下六种。

①基于端口的划分。

将交换机的某一个或几个端口划分到某个 VLAN,则连接该端口的用户即属于这个 VLAN。这是最常用的一种 VLAN 划分方法,其优点是:简单方便;缺点是:用户离开端口时,需要根据情况重新定义新端口的 VLAN。

②基于 MAC 地址的划分。

根据主机 MAC 地址将其划分到某个 VLAN。这种方式的优点是:当一个用户从一个物理位置移动到另一个位置时,其 VLAN 成员身份不变。

③基于网络协议的划分。

VLAN 按网络层协议来划分,可分为 IP、IPX、DECnet、AppleTalk、Banyan 等 VLAN 网络。这种按网络层协议组成的 VLAN,可使广播域跨越多个 VLAN 交换机,这对于希望针对详尽应用和服务来组织用户的网络管理员来说是非常具有吸引力的。而且用户可以在网络内部解放移动,但其 VLAN 成员身份仍然保留不变。

④根据 IP 组播来划分。

一个 IP 组播组就是一个 VLAN。这种划分的方法将 VLAN 扩大到了广域网,因此这种方法具有更大的灵活性,而且也便于通过路由器进行扩展,主要适合于不在同一地理范围的局域网用户组成一个 VLAN。

⑤按用户定义、非用户授权划分 VLAN。

基于用户定义、非用户授权来划分 VLAN,是指为了适应特别的 VLAN 网络,根据详尽的网络用户的特别要求来定义和设计 VLAN,而且可以让非 VLAN 群体用户访问 VLAN,但是需要提供用户密码,在得到 VLAN 管理的许可后才可以加入这个 VLAN 中。

(4)VLAN 端口模式

VLAN 交换机的端口有三种模式:Access、Trunk 和 Dynamic。Access 类型的端口只能属于一个 VLAN,一般用于连接计算机的端口。Trunk 类型的端口可以属于多个 VLAN,可以接收和发送多个 VLAN 的报文,一般用于交换机之间连接的端口,也称为 VLAN 中继。Dynamic 类型的端口可以动态协商为 Access 或 Trunk 模式。

(5)常用命令

VLAN 实验常用命令及其功能如表 2-2 所示。

表 2-2 VLAN 实验常用命令及其功能

常用命令	功能及参数含义
vlan vlan - id	创建 VLAN,编号为 vlan - id,范围为 2 ~ 4 094,vlan 1 是交换机默认的 VLAN
name vlan - name	为创建的 VLAN 起一个便于用户理解和记忆的名字
interface type/number	进入 type/number 接口,interface 可简写成 int,例如:int f0/0
interface range start_id - end_id	同时进入多个接口,例如:int range f0/1 - f0/4 或 f0/1 - 4
switchport mode access/trunk/dynamic	设置交换机端口模式
switchport access vlanvlan - id	将当前端口划分到某个 VLAN
show vlan	显示所有 VLAN 及端口信息
PC > arp -d	清除 PC 机 ARP 表

4. 实验流程

本次实验要创建 VLAN,并基于端口划分 VLAN,实现同一 VLAN 间可以通信,而不同 VLAN 间不能通信,同时要观察 VLAN 对广播包的隔离效果。VLAN 实验的流程如图 2-9 所示。

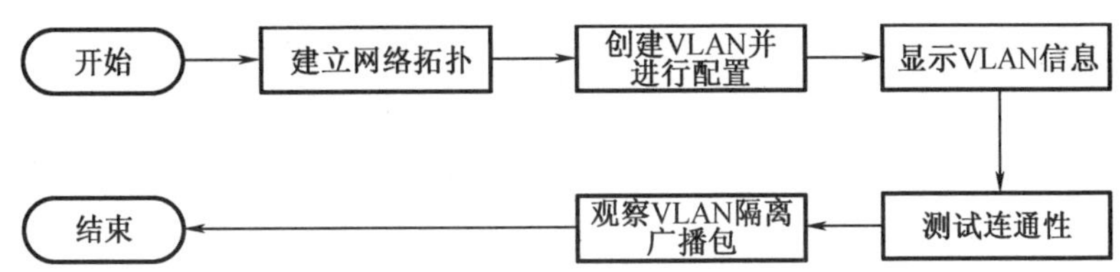

图 2－9　VLAN 实验流程图

5. 实验步骤

(1)建立 VLAN 网络拓扑

建立如图 2－10 所示的 VLAN 网络拓扑，2 台交换机连接 4 台 PC 机构成一个局域网，根据职能部门划分成两个 VLAN，分别对应人事部(Personnel Department)和财务部(Finance Department)。

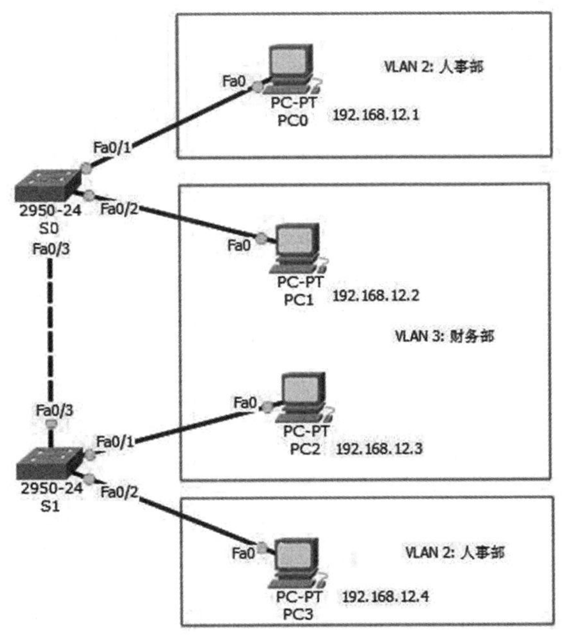

图 2－10　VLAN 网络拓扑

按照图 2－10 所示的 IP 地址进行配置后，可以在两两主机之间进行 ping 操作，发现都可以 ping 通，也就是说人事部和财务部都可以相互访问，但根据职能部门的管理需要，这两个部门需要隔离开来，因此接下来需要通过 VLAN 划分实现两个部门的独立管理。

(2)创建 VLAN 并进行配置

通过交换机 S0 的“CLI”命令行接口在 S0 上创建 VLAN 2 和 VLAN3，并进行接口配置，配置命令如下：

```
Switch>enable                                   //可简写为 en
Switch#configure terminal                       //可简写为 conf t
Switch(config)#hostname S0                      //重命名为 S0
S0(config)#vlan 2                               //创建 VLAN 2
S0(config-vlan)#name Personnel_Department       //重新命名
S0(config-vlan)#exit
S0(config)#vlan 3                               //创建 VLAN 3
```

```
S0(config-vlan)#name Finance_Department         //重新命名
S0(config-vlan)#exit
S0(config)#int f0/1                             //进入 f0/1 接口
S0(config-if)#switchport mode access            //将 f0/1 接口设置为 access 模式
S0(config-if)#switchport access vlan 2          //将 f0/1 接口划分到 VLAN 2
S0(config-if)#exit
S0(config)#int f0/2                             //进入 f0/2 接口
S0(config-if)#switchport mode access            //将 f0/2 接口设置为 access 模式
S0(config-if)#switchport access vlan 3          //将 f0/2 接口划分到 VLAN 3
S0(config-if)#exit
S0(config)#int f0/3                             //进入 f0/3 接口
S0(config-if)#switchport mode trunk             //将 f0/3 接口设置为 Trunk 模式
S0(config-if)#exit
```

按照同样的方法，对交换机 S1 进行配置，配置命令如下：

```
Switch>en
Switch#conf t
Switch(config)#hostname S1                      //重命名为 S1
S1(config)#vlan 2                               //创建 VLAN 2
S1(config-vlan)#name Personnel_Department       //重新命名
S1(config-vlan)#exit
S1(config)#vlan 3                               //创建 VLAN 3
S1(config-vlan)#name Finance_Department         //重新命名
S1(config-vlan)#exit
S1(config)#int f0/1                             //进入 f0/1 接口
S0(config-if)#switchport mode access            //将 f0/1 接口设置为 access 模式
S0(config-if)#switchport access vlan 3          //将 f0/1 接口划分到 VLAN 3
S0(config-if)#exit
S0(config)#int f0/2                             //进入 f0/2 接口
S0(config-if)#switchport mode access            //将 f0/2 接口设置为 access 模式
S0(config-if)#switchport access vlan 2          //将 f0/2 接口划分到 VLAN 2
S0(config-if)#exit
S0(config)#int f0/3                             //进入 f0/3 接口
S0(config-if)#switchport mode Trunk             //将 f0/3 接口设置为 trunk 模式
S0(config-if)#exit
```

(3)显示 VLAN 信息

特权模式下,输入 show vlan 可以显示当前交换机下 VLAN 及其端口信息,图 2－11 展示了交换机 S0 的 VLAN 及其端口信息。

从图 2－11 可以看到,VLAN 1 是系统默认的,除了端口 f0/1－3 外,其余端口都默认划分到 VLAN 1。接口 f0/1 被划分到 VLAN 2,接口 f0/2 被划分到 VLAN 3,而 f0/3 接口被设置为 trunk 模式,用于和 S1 进行通信。

```
S0#show vlan

VLAN Name                             Status    Ports
---- -------------------------------- --------- -------------------------------
1    default                          active    Fa0/4, Fa0/5, Fa0/6, Fa0/7
                                                Fa0/8, Fa0/9, Fa0/10, Fa0/11
                                                Fa0/12, Fa0/13, Fa0/14, Fa0/15
                                                Fa0/16, Fa0/17, Fa0/18, Fa0/19
                                                Fa0/20, Fa0/21, Fa0/22, Fa0/23
                                                Fa0/24
2    Personnel_Department             active    Fa0/1
3    Finance_Department               active    Fa0/2
1002 fddi-default                     act/unsup
1003 token-ring-default               act/unsup
1004 fddinet-default                  act/unsup
1005 trnet-default                    act/unsup

VLAN Type  SAID       MTU   Parent RingNo BridgeNo Stp  BrdgMode Trans1 Trans2
---- ----- ---------- ----- ------ ------ -------- ---- -------- ------ ------
1    enet  100001     1500  -      -      -        -    -        0      0
2    enet  100002     1500  -      -      -        -    -        0      0
3    enet  100003     1500  -      -      -        -    -        0      0
1002 fddi  101002     1500  -      -      -        -    -        0      0
1003 tr    101003     1500  -      -      -        -    -        0      0
1004 fdnet 101004     1500  -      -      -        ieee -        0      0
1005 trnet 101005     1500  -      -      -        ibm  -        0      0
```

图 2－11　VLAN 及端口信息

也可以将鼠标放在交换机图标上,也可以显示 VLAN 及端口相关信息,如图 2－12 所示。

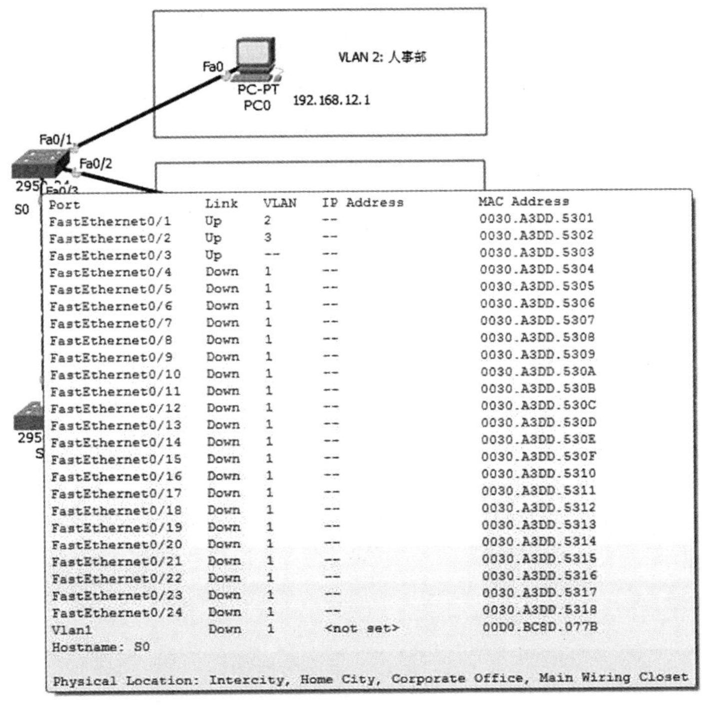

图 2－12　放置鼠标在交换机图标上显示的 VLAN 及端口信息

(4)测试连通性

测试各 PC 机的连通性,可以验证:属于同一个 VLAN 的 PC 机可以相互 ping 通,如图 2 - 13所示;不同 VLAN 间的 PC 机无法 ping 通,如图 2 - 14 所示。

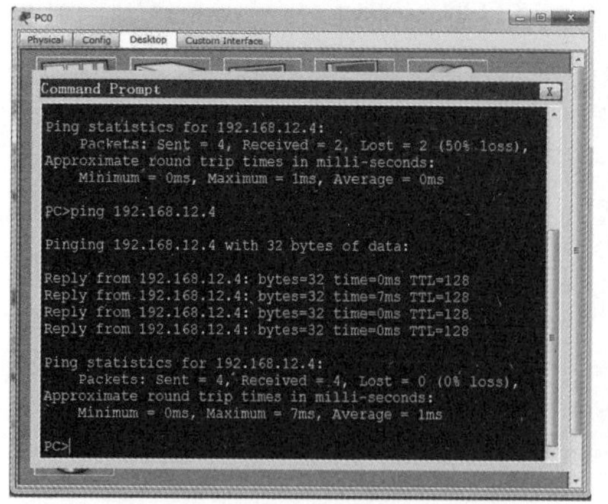

图 2 - 13 PC0 可以 ping 通 PC3

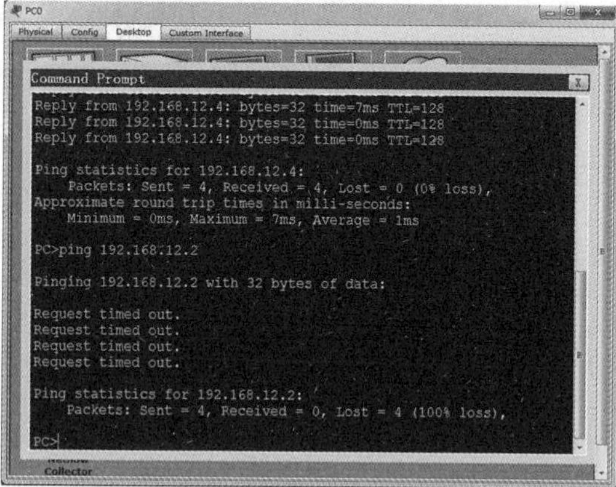

图 2 - 14 PC0 ping 不通 PC1

(5)观察 VLAN 隔离广播

前面介绍过,VLAN 具有隔离广播风暴的作用,下面在仿真模式下测试 VLAN 对 ARP 广播的隔离效果。由于前面进行了 PC 机间两两 ping 操作,PC 机的 ARP 缓存存储了主机 IP 对应的 MAC 地址,现在清空这些 ARP 缓存。在 PC 机的“Command Prompt”下输入“arp - d”即可清除 ARP 缓存。

切换到仿真模式下,从 PC0 ping PC3,观察 ARP 数据包和 ICMP 数据包。由于 PC0 没有 ARP 缓存,所以先产生 ARP 广播包。PC0 属于 VLAN 2,ARP 数据包从 f0/1 进入交换机 S0 后,S0 通过 f0/3 转发给 S1,而没有通过 f0/2 广播给 PC1,因为 PC1 属于 VLAN 3。S1 收到 ARP 广播包后,又通过其 f0/2 转发了同属于 VLAN 2 的主机 PC3,而没有通过其 f0/1 接口转发给 PC2,因为 PC2 属于 VLAN 3。

至此,我们可以清楚地看到,VLAN 很好地隔离了广播,将其限制在同一个 VLAN 内。

6. 思考与分析

(1)如何使不同 VLAN 间的主机之间可以相互通信?

(2)在观察 VLAN 广播包的实验中,如果没有清除 PC 的 ARP 缓存,是否还能观察到 ARP 广播包?

第三章　静态路由和默认路由

路由器是互联网最关键的设备之一，路由技术就是通过路由器将数据包从一个网段传送到另一个网段，最终实现互联网上两个主机的通信，它是互联网核心技术之一。本章将学习路由器的基本配置，并在此基础上学习静态路由和默认路由的配置。

1. 实验目的

(1)掌握路由器的基本配置

(2)理解路由器的直连网络

(3)理解静态路由的含义

(4)掌握静态路由的配置方法

(5)理解默认路由的含义

(6)掌握默认路由的配置方法

2. 实验内容

(1)建立一个包含路由器的小型网络

(2)对路由器进行基本配置

(3)在路由器上配置静态路由

(4)在路由器上配置默认路由

3. 实验原理

(1)直连网络

路由器是互联网的核心设备，它在 IP 网络间转发数据报，实现数据报的路由选择。路由器通常有多个网络接口，每个接口连接一个或多个网络，而两个接口却不可以代表一个网络。路由器的一个配置了 IP 地址的接口所在的网络就是路由器的直连网络。对于直连网络，路由器并不需要额外对其配置路由，当接口被激活后，路由器会自动将直连网络加入路由表中。

(2)静态路由

静态路由是指路由器由网络管理人员手工配置，而不是路由器通过路由算法和其他路由器交互学习得到的。静态路由主要适用于网络规模不大、拓扑结构相对固定的网络。静态路由的优点是简单、高效、可靠。在所有路由中，静态路由的优先级最高，当动态路由与静态路由产生冲突时，以静态路由为准。但静态路由由于路由固定，不适用于大规模、拓扑结构动态多变的网络。

(3)默认路由

默认路由也是一种静态路由,它位于路由表的最后,当数据报与路由表中前面的表项都不匹配时,数据报将根据默认路由被转发。默认路由有时非常有效,例如,在末端网络中,默认路由可以大大简化路由器的项目数量及配置,减轻路由器和网络管理员的工作负担。

(4)路由器常用的配置命令

常用路由器配置命令如表3-1所示。

表3-1 常用路由器配置命令

命令	功能及其参数含义
hostname router_name	将路由器重新命名为router_name
ip address address netmask	给当前接口配置IP地址address,子网掩码为netmask
no shutdown	激活当前端口
show ip interface brief	查看当前接口IP地址信息
show ip route	查看路由表
ip route network netmask address/interface	配置静态路由,network代表目的网络,address/interface代表下一跳地址或接口
no ip route network netmask address/interface	取消配置静态路由
ip route 0.0.0.0 0.0.0.0 address/interface	配置默认路由

4. 实验流程

本次实验将建立一个由若干路由连接多个网段形成的网络,通过配置静态路由和默认路由,实现全网互通。静态路由和默认路由实验流程如图3-1所示。

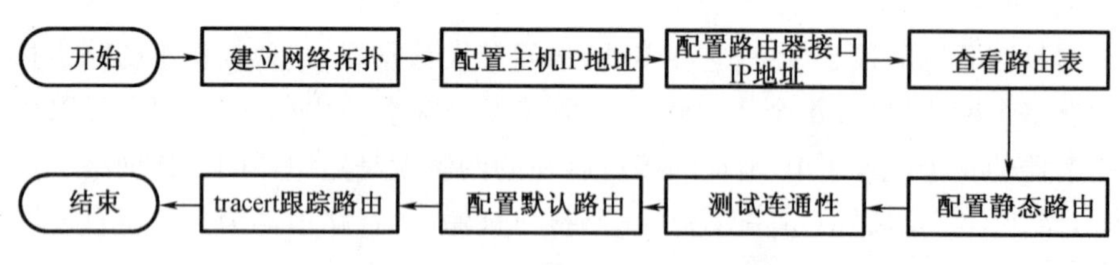

图3-1 静态路由和默认路由实验流程

5. 实验步骤

(1)建立网络拓扑

本次实验搭建如图3-2所示的网络拓扑,它由三个路由连接四个网段构成。三个路由器R0、R1和R2都有两个直连网络。R0的直连网络为:10.1.1.0/24和192.168.1.0/24;R1的直连网络为:192.168.1.0/24和172.16.1.0/24;R2的直连网络为:172.16.1.0/24和

20.1.1.0/24。

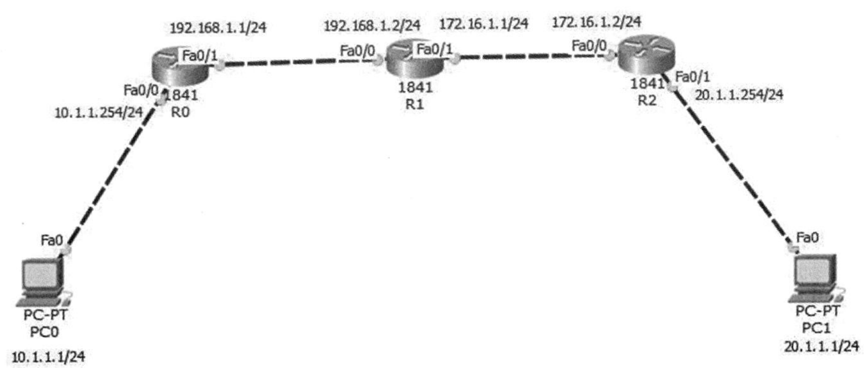

图 3－2　网络拓扑结构

(2)配置主机 IP 地址

打开两台 PC 机配置对话框,按图 3－2 所示地址输入 IP 地址。需要注意的是,PC 机通过路由器连入互联网中,所以需要配置网关地址。PC 机的网关地址就是与 PC 机同属于一个网络的路由器的接口地址,故 PC0 的网关地址为 10.1.1.254,PC1 的网关地址为 20.1.1.254。

(3)配置路由器接口 IP 地址

R0 有两个直连网络,通过 f0/0 端口连接网络 10.1.1.0/24,通过 f0/1 端口连接网络 192.168.1.0/24,所以需要对 R0 的这两个接口配置 IP 地址。

R0 配置命令如下:

```
Router>en
Router#conf t
Router(config)#hostname R0                    //将 Router0 路由器重命名为 R0
R0(config)#int f0/0                           //进入 f0/0 接口
R0(config-if)#ip address 10.1.1.254 255.255.255.0
                                              //配置接口 f0/0 的 IP 地址和子网掩码
R0(config-if)#no shutdown                     //激活端口(接口)
R0(config-if)#exit
R0(config)#int f0/1                           //进入 f0/1 接口
R0(config-if)#ip address 192.168.1.1 255.255.255.0
                                              //配置接口 f0/1 的 IP 地址和子网掩码
R0(config-if)#no shutdown                     //激活端口
```

同理,R1 的配置命令如下:

```
Router>en
Router#conf t
```

```
Router(config)#hostname R1                          //将 Router1 路由器重命名为 R1
R1(config)#int f0/0                                 //进入 f0/0 接口
R1(config-if)#ip address 192.168.1.2 255.255.255.0
                                                    //配置接口 f0/0 的 IP 地址和子网掩码
R1(config-if)#no shutdown                           //激活端口
R1(config-if)#exit
R1(config)#int f0/1                                 //进入 f0/0 接口
R1(config-if)#ip address 172.16.1.1 255.255.255.0
                                                    //配置接口 f0/1 的 IP 地址和子网掩码
R1(config-if)#no shutdown                           //激活端口
```

R2 的配置命令如下：

```
Router>en
Router#conf t
Router(config)#hostname R2                          //将 Router2 路由器重命名为 R2
R2(config)#int f0/0                                 //进入 f0/0 接口
R2(config-if)#ip address 172.16.1.2 255.255.255.0
                                                    //配置接口 f0/0 的 IP 地址和子网掩码
R2(config-if)#no shutdown                           //激活端口
R2(config-if)#exit
R2(config)#int f0/1                                 //进入 f0/1 接口
R2(config-if)#ip address 20.1.1.254 255.255.255.0
                                                    //配置接口 f0/1 的 IP 地址和子网掩码
R2(config-if)#no shutdown                           //激活端口
```

(4)查看路由表

在 R0 中输入 show ip route 命令，可以得到如图 3－3 所示的结果，其中，C 开头的表示直连网络，表明 R0 有两个直连网络。

```
R0#show ip route
Codes: C - connected, S - static, I - IGRP, R - RIP, M - mobile, B - BGP
       D - EIGRP, EX - EIGRP external, O - OSPF, IA - OSPF inter area
       N1 - OSPF NSSA external type 1, N2 - OSPF NSSA external type 2
       E1 - OSPF external type 1, E2 - OSPF external type 2, E - EGP
       i - IS-IS, L1 - IS-IS level-1, L2 - IS-IS level-2, ia - IS-IS inter area
       * - candidate default, U - per-user static route, o - ODR
       P - periodic downloaded static route

Gateway of last resort is not set

     10.0.0.0/24 is subnetted, 1 subnets
C       10.1.1.0 is directly connected, FastEthernet0/0
C    192.168.1.0/24 is directly connected, FastEthernet0/1
R0#
```

图 3－3　R0 的路由表

查看 R1 和 R2 的路由表会得到类似结果。

(5)配置静态路由

R0 与 10.1.1.0/24 和 192.168.1.0/24 两个网络直连,不需要配置静态路由。但 R0 不知道 172.16.1.0/24 和 20.1.1.0/24 这两个网络的路由,所以需要配置静态路由,这需要网络管理人员判断下一跳地址。本实验中,R0 到达这两个网络的下一跳地址就是 R1 的 f0/0 的 IP 地址,即 192.168.1.2。

配置命令如下:

```
R0 >en
R0#conf t
R0(config)#ip route 172.16.1.0 255.255.255.0 192.168.1.2
R0(config)#ip route 20.1.1.0 255.255.255.0 192.168.1.2
```

配置完静态路由后,可以再次查看 R0 的路由信息,结果如图 3-4 所示。

```
R0#show ip route
Codes: C - connected, S - static, I - IGRP, R - RIP, M - mobile, B - BGP
       D - EIGRP, EX - EIGRP external, O - OSPF, IA - OSPF inter area
       N1 - OSPF NSSA external type 1, N2 - OSPF NSSA external type 2
       E1 - OSPF external type 1, E2 - OSPF external type 2, E - EGP
       i - IS-IS, L1 - IS-IS level-1, L2 - IS-IS level-2, ia - IS-IS inter area
       * - candidate default, U - per-user static route, o - ODR
       P - periodic downloaded static route

Gateway of last resort is not set

     10.0.0.0/24 is subnetted, 1 subnets
C       10.1.1.0 is directly connected, FastEthernet0/0
     20.0.0.0/24 is subnetted, 1 subnets
S       20.1.1.0 [1/0] via 192.168.1.2
     172.16.0.0/24 is subnetted, 1 subnets
S       172.16.1.0 [1/0] via 192.168.1.2
C    192.168.1.0/24 is directly connected, FastEthernet0/1
R0#
```

图 3-4　配置静态路由后的路由表

从图 3-4 中可以发现,路由多了两条“S”开头的信息,“S”表示“Static”,代表静态路由。

同样的方法,配置 R1 的静态路由:

```
R1 >en
R1#conf t
R1(config)#ip route 10.1.1.0 255.255.255.0 192.168.1.1
R1(config)#ip route 20.1.1.0 255.255.255.0 172.16.1.2
```

配置 R2 的静态路由:

```
R2 >en
R2#conf t
R2(config)#ip route 10.1.1.0 255.255.255.0 172.16.1.1
R2(config)#ip route 192.168.1.0 255.255.255.0 172.16.1.1
```

(6)测试连通性

完成路由配置后,可以测试网络的连通性。从 PC0 去 ping PC1,验证是否能 ping 通。

成功 ping 通的结果如图 3－5 所示。

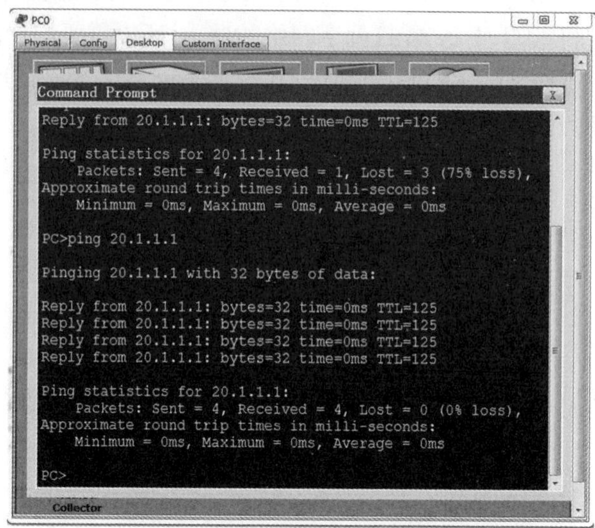

图 3－5　测试连通性结果

（7）配置默认路由

对于路由器 R0 来说，通过前面的静态路由配置，其去往 172.16.1.0/24 和 20.1.1.0/24 这两个网络的下一跳地址都是 192.168.1.2，所以这两个静态路由可由一条指向 192.168.1.2 的默认路由代替。在前面配置的基础上，将静态路由删除，再增加一条默认路由即可。

配置命令如下：

```
R0(config)#no ip route 172.16.1.0 255.255.255.0 192.168.1.2          //删除静态路由
R0(config)#no ip route 20.1.1.0 255.255.255.0 192.168.1.2
R0(config)#ip route 0.0.0.0 0.0.0.0 192.168.1.2                      //配置默认路由
```

查看 R0 的路由表，结果如图 3－6 所示，其中 S* 开头的表示默认路由。

```
R0#show ip route
Codes: C - connected, S - static, I - IGRP, R - RIP, M - mobile, B -
BGP
       D - EIGRP, EX - EIGRP external, O - OSPF, IA - OSPF inter area
       N1 - OSPF NSSA external type 1, N2 - OSPF NSSA external type 2
       E1 - OSPF external type 1, E2 - OSPF external type 2, E - EGP
       i - IS-IS, L1 - IS-IS level-1, L2 - IS-IS level-2, ia - IS-IS
inter area
       * - candidate default, U - per-user static route, o - ODR
       P - periodic downloaded static route

Gateway of last resort is 192.168.1.2 to network 0.0.0.0

     10.0.0.0/24 is subnetted, 1 subnets
C       10.1.1.0 is directly connected, FastEthernet0/0
C    192.168.1.0/24 is directly connected, FastEthernet0/1
S*   0.0.0.0/0 [1/0] via 192.168.1.2
R0#
```

图 3－6　配置默认路由后的路由表

路由器 R2 与 R0 情况类似，都是通过下一跳地址 172.16.1.1 到达 10.1.1.0/24 和 192.168.1.0/24 这两个网络，可以用同样的方法配置静态路由，配置命令如下：

```
R2(config)#no ip route 192.168.1.0 255.255.255.0 172.16.1.1
R2(config)#no ip route 10.1.1.0 255.255.255.0 172.16.1.1
R2(config)#ip route 0.0.0.0 0.0.0.0 172.16.1.1
```

再由 PC0 ping PC1，验证是否能够 ping 通。一般对末端路由器，可以配置默认路由。

(8) tracert 跟踪路由

在 PC0 的命令行环境下输入 tracert 20.1.1.1，可以查看从 PC0 到 PC1 之间经过的路径，也可以验证静态路由和默认路由配置是否成功。图 3-7 展示了从 PC0 tracert PC1 的路径。

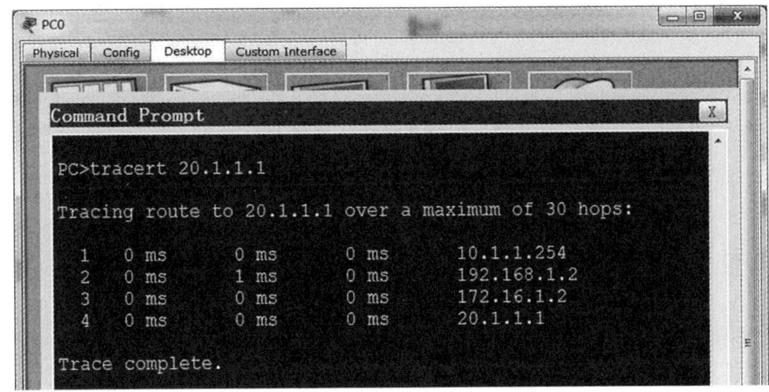

图 3-7　PC0 tracert PC1 的路径

6. 思考与分析

(1) 路由器的默认路由有什么作用？不配置默认路由会怎样？

(2) 根据下面的拓扑结构（图 3-8），完成拓扑连接，并自行安排设备的 IP 地址，配置静态路由和默认路由，使得 PC0 和 PC1 能互相 ping 通。

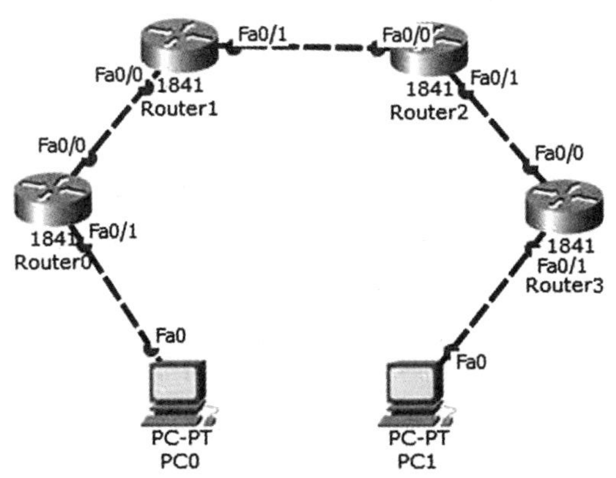

图 3-8　拓扑结构

第四章　RIP 路由协议

当网络规模较大或网络拓扑结构经常变化，静态路由就显得力不从心，这时就需要配置动态路由协议。RIP（Routing Information Protocols）是一种基于距离向量的分布式动态路由协议，是有类别路由选择协议，用于一个自治系统内部，实现简单、开销小，应用较为广泛。本章将通过两个实验来掌握 RIP 的工作原理，并在此基础上分别给网络配置 RIPv1 和 RIPv2 两个版本协议，实现网络连通，最后通过对比分析，理解 RIPv1 和 RIPv2 的差异。

实验一　RIPv1 路由协议

1. 实验目的

（1）掌握 RIP 路由协议的原理
（2）理解 RIP 协议的特点
（3）理解路由汇总的概念
（4）理解 RIP 水平分割的防环机制
（5）掌握 RIP 路由的配置方法

2. 实验内容

（1）搭建一个由多个路由器连接多个网段构成的网络
（2）在该网络上配置 RIPv1 理由协议，实现网络连通
（2）查看 RIPv1 路由信息以加深理解其工作原理

3. 实验原理

（1）RIP 协议工作原理

RIP 是由美国的 Xerox 公司在 20 世纪 70 年代开发的，最初定义在 RFC1058 中，后来又开发了 RIPv2 协议和应用于 IPv6 的 RIPng 协议，共 3 个版本。

采用 RIP 协议的路由器周期性地与邻居路由器交换路由信息来完善自己的路由表，并以“跳数”（即 metric）为度量值选择最佳路由。RIP 用两种数据包传输路由更新：更新和请求。每个有 RIP 功能的路由器默认情况下，每隔 30 秒利用 UDP 520 端口向与它直连的网络邻居广播（RIPv1）或组播（RIPv2）路由更新。RIP 最多支持的跳数为 15，跳数 16 为不可达。

RIP 协议是使用最早、应用较为普遍的内部网关协议，适用于小型网络，例如校园网和

区域网等。

(2)RIP 协议的特点

①仅和相邻的路由器交换路由信息。如果两个路由器之间的通信不需要经过另一个路由器,则这两个路由器是相邻的。RIP 协议规定,不相邻的路由器之间不交换信息。

②路由器交换的信息就是当前本路由器的路由表。

③按固定时间交换路由信息,例如 30 秒。

(3)RIP 协议的优缺点

①优点:占用带宽小,简单方便,易于配置、管理和实现。

②缺点:有大量广播(30 秒更新)、没有成本概念(只考虑跳数,不考虑链路其他因素)、支持的网络规模有限(最大 15 跳)。

(4)防环机制

在网络中通常会存在多条路径,可能会产生回路(环路)。在网络中产生环路的后果很严重,数据包在网内来回震荡,带宽耗尽后会造成网络不可用。RIP 采用水平分割、毒性逆转、定义最大跳数、触发更新、抑制计时 5 个机制来避免产生路由环路。

①水平分割

水平分割即单向路由更新,指的是 RIP 从某个接口接收到的路由信息,不会从该接口发给邻居路由器,这是不产生路由循环的最基本措施,也可以减少带宽消耗。例如,A 从 B 处得到一个网络的路由信息,A 不会向 B 更新该网络可以通过 B 到达的信息。这样,当该网络出现故障不可达时,B 会将路由信息公告给 A,而 A 不会把可以通过 B 达到该网络的路由信息通告给 B。如此便可以加快网络收敛,破坏路由环路。

②毒性逆转

毒性逆转是指 RIP 从某个接口收到路由更新信息后,当它从该接口发送 Response 报文是会携带这些路由的,但这些路由的度量值被设为 16 跳(意味着不可达)。利用这种方式,可以清除对方路由表中无用的路由,也可以防止产生环路。

③定义最大跳数

定义最大跳数为 15,16 为不可达。如果路由信息陷入路由循环中,则跳数耗尽就会被消灭,此条路由信息会被删除。

④触发更新

当路由器感知到拓扑发生改变或 RIP 路由度量值变更时,它无须等待下一个更新周期到来即可立即发送 Response 报文。

⑤抑制计时

一条路由信息无效之后,一段时间内这条路由都处于抑制状态,即在一定时间内不再接收关于同一目的地址的路由更新。如果路由器从一个网段上得知一条路径失效,然后立即在另一个网段上得知这个路由有效,这个有效的信息往往是不正确的。抑制计时避免了这个问题,而且,当一条链路频繁起停时,抑制计时减少了路由的浮动,增加了网络的稳定性。

(5)路由汇总

利用单个汇总的地址来表示一系列的网络,并用来通告相邻路由器的方式被称为路由汇总。RIPv1 是有类别路由协议,它的协议报文中没有携带掩码信息,只能识别 A、B、C 类这样的自然网段的路由,因此,RIPv1 无法支持路由聚合,也不支持不连续子网,所有路由会被自动汇总为有类路由。RIPv1 总是默认使用路由汇总,而且使用“no auto - summary”命令也无法关掉。下面通过例子说明有类路由。

在图 4 - 1 中,路由器 R1 和 R2 配置了 RIPv1 路由协议,分别连接了 2 个同类网段。R2 分别连接了 10.1.1.0/24 和 10.1.2.0/24 这两个网段,那么在 R2 发向 R1 的路由通告中,这两个网络会被汇总为 1 个网络:10.0.0.0/8。这里请注意,尽管我们设计 10.1.1.0 和 10.1.2.0 这两个网络使用 24 位子网掩码,但 RIPv1 的协议报文不携带掩码信息,它只从 IP 地址的基本分类(A 类、B 类和 C 类)来看待这个网络,10 开头的网络属于 A 类网络,默认掩码是 8 位,所以将这两个网络汇总为 10.0.0.0/8。同理,R1 会将 172.16.1.0/24 和 172.16.2.0/24 汇总为一个网络:172.16.0.0/16。

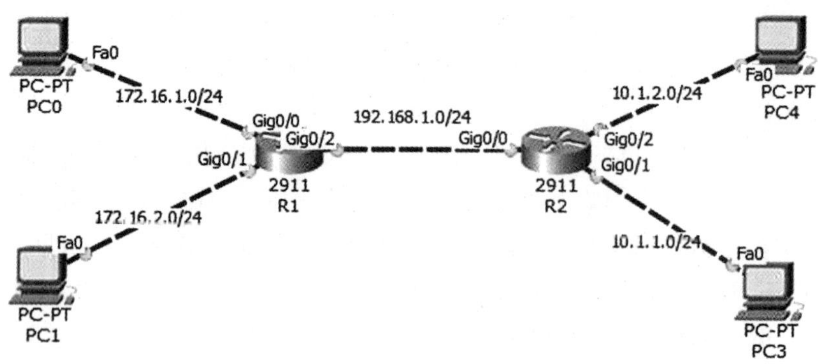

图 4 - 1　路由汇总示例

(6)常用命令

RIP 协议常用的配置命令如表 4 - 1 所示。

表 4 - 1　RIP 协议常用的配置命令

命令	功能及其含义
router rip	启动 RIP 路由协议
version version_id	设置 RIP 的版本,version_id 可为 1 或 2
network network	宣告路由器直连网络的地址 network
debug ip rip	显示 RIP 路由的动态更新
auto - summary	路由汇总
no auto - summary	取消路由汇总
show ip protocols	显示路由协议信息
passive - interface interface	将 interface 端口设置为被动端口,此端口不再发送路由信息

4. 实验流程

本次实验通过配置 RIP 协议来实现网络的连通，并通过分析 RIP 路由表和统计信息来加深对 RIP 协议工作原理的理解。RIPv1 路由协议实验的流程如图 4－2 所示。

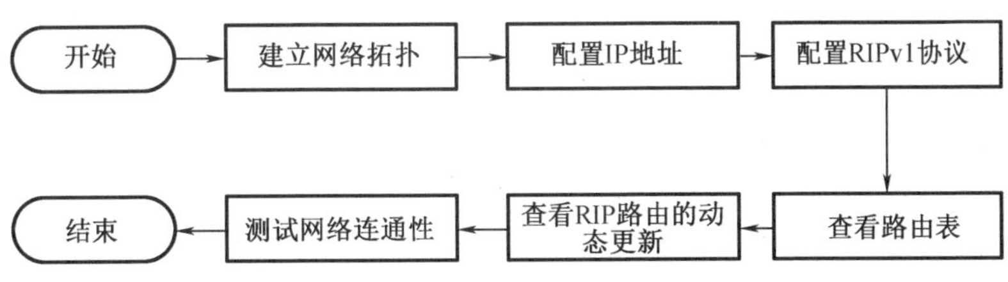

图 4－2　RIPv1 路由协议实验流程

5. 实验步骤

(1)建立网络拓扑

本次实验建立如图 4－3 所示的网络拓扑结构，它由三个路由连接四个网段构成。

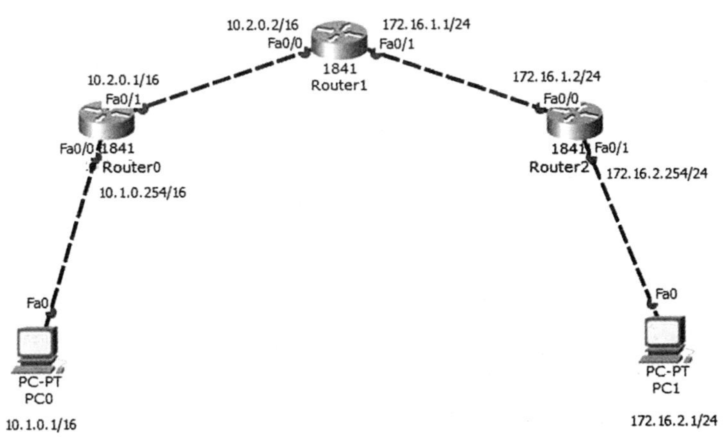

图 4－3　网络拓扑结构

(2)配置 IP 地址

对照图 4－1 所标识的 IP 地址，对 PC 和路由器各接口配置 IP 地址。

(3)配置 RIPv1 路由协议

配置 R0 的路由，如下所示：

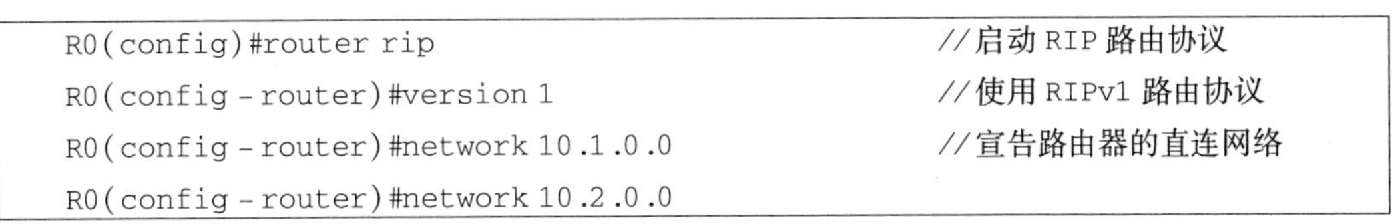

```
R0(config)#router rip                       //启动 RIP 路由协议
R0(config-router)#version 1                 //使用 RIPv1 路由协议
R0(config-router)#network 10.1.0.0          //宣告路由器的直连网络
R0(config-router)#network 10.2.0.0
```

配置 R1 的路由，如下所示：

```
R1(config)#router rip
R1(config-router)#version 1
R1(config-router)#network 10.2.0.0
R1(config-router)#network 172.16.1.0
```

配置 R2 的路由，如下所示：

```
R2(config)#router rip
R2(config-router)#version 1
R2(config-router)#network 172.16.1.0
R2(config-router)#network 172.16.2.0
```

(4)查看路由表

在 R0 特权模式下输入“show ip route”命令，可得到如图 4-4 所示的结果。

```
R0#show ip route
Codes: C - connected, S - static, I - IGRP, R - RIP, M - mobile, B - BGP
       D - EIGRP, EX - EIGRP external, O - OSPF, IA - OSPF inter area
       N1 - OSPF NSSA external type 1, N2 - OSPF NSSA external type 2
       E1 - OSPF external type 1, E2 - OSPF external type 2, E - EGP
       i - IS-IS, L1 - IS-IS level-1, L2 - IS-IS level-2, ia - IS-IS inter
area
       * - candidate default, U - per-user static route, o - ODR
       P - periodic downloaded static route

Gateway of last resort is not set

     10.0.0.0/16 is subnetted, 2 subnets
C       10.1.0.0 is directly connected, FastEthernet0/0
C       10.2.0.0 is directly connected, FastEthernet0/1
R    172.16.0.0/16 [120/1] via 10.2.0.2, 00:00:09, FastEthernet0/1
R0#
```

图 4-4 RIP 路由表

在图 4-4 所展示的输出信息中，“C”代表 R0 的直连网络，“R”代表 R0 通过 RIP 协议可到达的网络。在本实验的网络拓扑结构中共有 4 个网络，R0 只显示了 3 个，其中 172.16.0.0/16 是 R1 将 172.16.1.0/24 和 172.16.2.0/24 两个网络汇总的结果，汇总后再发给 R0。

在 R0 特权模式下输入“show ip protocols”命令，可以查看 RIP 协议配置信息及参数，得到如下所示的结果(序号是编者添加的)。

```
[1]R0#show ip protocols
[2]Routing Protocol is "rip"
[3]Sending updates every 30 seconds, next due in 16 seconds
[4]Invalid after 180 seconds, hold down 180, flushed after 240
[5]Outgoing update filter list for all interfaces is not set
[6]Incoming update filter list for all interfaces is not set
[7]Redistributing: rip
[8]Default version control: send version 1, receive 1
[9]  Interface          Send Recv Triggered RIP Key-chain
[10]  FastEthernet0/0  1     1
[11]  FastEthernet0/1  1     1
```

```
[12] Automatic network summarization is in effect
[13] Maximum path: 4
[14] Routing for Networks:
[15] 10.0.0.0
[16] Passive Interface(s):
[17] Routing Information Sources:
[18]   Gateway      Distance      Last Update
[19]   10.2.0.2    120             00:00:08
[20]Distance: (default is 120)
```

对上述信息进行解释说明:

第 2 行:当前路由协议是 RIP。

第 3 行:路由更新时间 30 秒,下次更新在 16 秒后。

第 4 行:路由失效计时器为 180 秒,也就是路由条目如果 180 秒没收到更新,则被标记为无效;同时启动抑制定时器,在 180 秒不更新路由也不清除;从某个路由更新起,240 秒后还没收到路由更新,则将其从路由表中删除,即为路由刷新定时器。

第 5 行:所有接口在出方向都没有设置更新过滤列表。

第 6 行:所有接口在入方向都没有设置更新过滤列表。

第 7 行:只运行 RIP 协议,没有其他的协议重分布进来。

第 8 行:默认的版本控制,发送是 version 1,接受也是 version 1。

第 9 ~ 11 行:2 个网络接口都是发送是 version 1,接受也是 version 1。

第 12 行:默认开启自动汇总功能。

第 13 行:RIP 路由协议可以支持 4 条等价路径(最大为 6 条)。

第 14 ~ 15 行:宣告的网络。

第 17 ~ 19 行:路由信息的来源,即路由信息的发送者是 10.2.0.2(也就是 R1)。

第 20 行:默认管理距离为 120。

同样地,可以查看 R1 和 R2 的路由表及 RIP 协议相关信息,请读者自行分析。

(5)查看 RIP 路由的动态更新

在 R0 的特权模式下,输入"debug ip rip"命令,可得到如下信息(序号是编者添加的)。

```
[1]R0#debug ip rip
[2]RIP protocol debugging is on
[3]R0#RIP: sending v1 update to 255.255.255.255 via FastEthernet0/0 (10.1.0.
254)
[4]RIP: build update entries
[5]network 10.2.0.0 metric 1
[6]network 172.16.0.0 metric 2
[7]RIP: sending v1 update to 255.255.255.255 via FastEthernet0/1 (10.2.0.1)
[8]RIP: build update entries
[9]network 10.1.0.0 metric 1
[10]RIP: received v1 update from 10.2.0.2 on FastEthernet0/1
[11]172.16.0.0 in 1 hops
```

对上述信息进行解释说明:

第3行:路由器R0通过f0/0接口广播发送自己生成的RIPv1的更新包。

第4~6行:"metric"代表距离,这里表示路由器R0到网络10.2.0.0/16这个网络距离为1(即直连),到网络172.16.0.0/16(实际是172.16.1.0/24和172.16.2.0/24两个网络的汇总)的距离为2。这个包实际上是发给了PC0,一般对主机来说,不需要接收这样的路由更新包,可以将R0的f0/0接口设置为被动接口,这样路由就不会从f0/0发送路由更新包了。

第7行:路由器R0通过f0/1接口广播发送自己生成的RIPv1的更新包,包的内容就是第8~9行的内容。需要注意的是:这个包只有10.1.0.0这一个条目,而f0/0接口发送的有2个条目。之所以如此,是因为在RIP中为了防止环路进行了水平分割。

第10行:路由器R0从f0/1接口收到了邻居(R1)发来的路由更新包,内容就是第11行。

同理,可以查看R1和R2的路由信息,并进行解读。另外,路由更新信息会不断输出霸屏,可通过输入"no debug ip rip"命令将其关闭。

(6) 测试网络连通性

由PC0 ping PC1,结果如图4-5所示,证明RIPv1协议配置正确,网络连通。

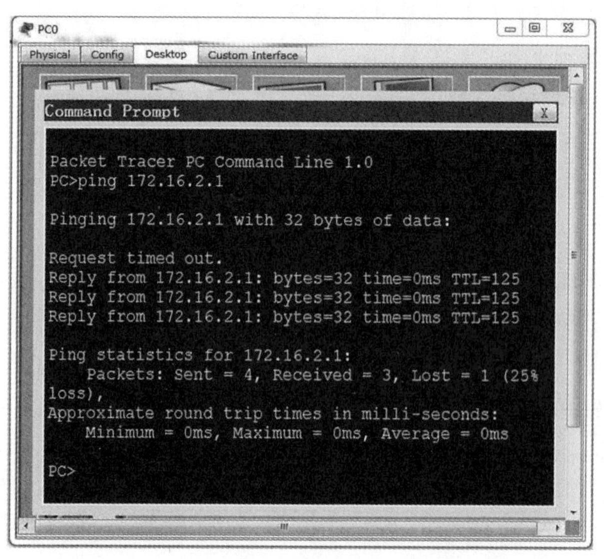

图4-5 配置RIPv1协议后PC0 ping PC1的结果

6. 思考与分析

(1)请深入探讨有类路由和无类路由。

(2)请分析RIPv1路由更新的过程。

实验二　RIPv1 与 RIPv2 对比分析

RIPv2 是 RIPv1 的升级版本,它最主要的变化是支持 VLSM 和 CIDR,是一种无类路由协议。本次实验主要通过实例来展示两个协议版本的差异,从而让读者更深入理解二者的差异。

1. 实验目的

(1)理解有类路由和无类路由
(2)掌握 RIPv1 接收路由更新的规则
(3)掌握 RIPv1 和 RIPv2 的差异

2. 实验内容

(1)建立一个包含非连续子网的网络
(2)配置 RIPv1 协议,验证网络连通性
(3)分析 RIPv1 协议下路由不通的原因
(4)配置 RIPv2 协议,验证网络连通性
(5)对比分析 RIPv1 和 RIPv2

3. 实验原理

(1)RIPv1 和 RIPv2 的区别

RIPv1 和 RIPv2 的主要区别如表 4－2 所示。

表 4－2　RIPv1 与 RIPv2 的主要区别

RIPv1	RIPv2
在路由更新的过程中不携带子网信息	在路由更新的过程中携带子网信息
不提供认证	提供认证
不支持 VLSM 和 CIDR	支持 VLSM 和 CIDR
采用广播更新	采用组播(224.0.0.9)更新
有类别(Classful)路由协议	无类别(Classless)协议

(2)有类路由和无类路由

IP 路由协议分为两类:有类路由和无类路由。有类路由协议主要包括 RIPv1 和 IGRP,无类路由协议主要包括 RIPv2、OSPF 和 BGP－4 等。二者的主要区别如下。

①有类路由是基于传统 IP 地址分类(A 类、B 类、C 类等)的路由,其路由更新信息中不包含子网掩码信息;而无类路由协议是基于无分类 CIDR 技术路由,其路由更新信息包含子

网掩码信息。

②有类路由不能识别子网信息，只能识别传统的分类；而无类路由可以根据子网掩码的长度来区分网段。

③有类路由在主类边界路由器执行自动汇总，该汇总无法人工关闭；而无类路由可以人工关闭自动汇总。

④有类路由不支持不连续的子网，不支持 VLSM；无类路由支持不连续的子网，支持 VLSM。

(3) RIPv1 接收路由更新的规则

RIPv1 接收路由更新的规则如图 4－6 所示。

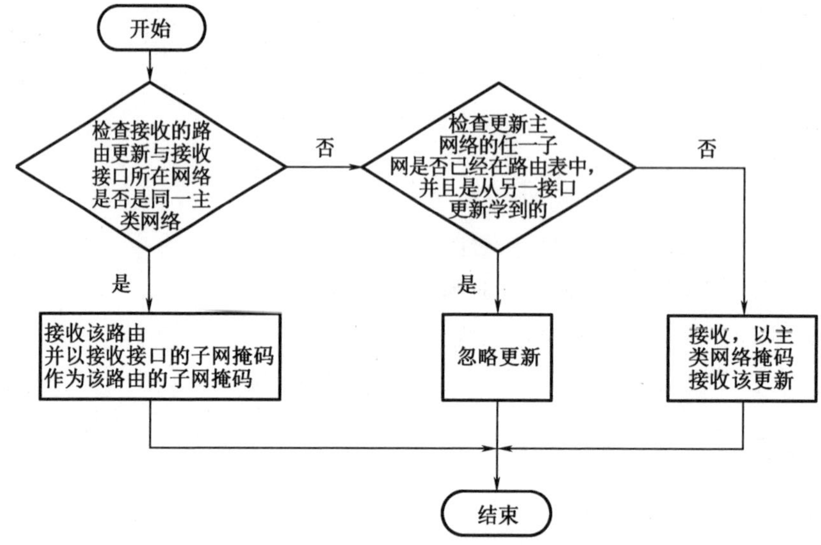

图 4－6　RIP 接收路由更新的规则

4. 实验流程

本次实验通过在同一个网络拓扑上分别配置 RIPv1 和 RIPv2 协议，来测试网络的连通性，从而深入对比分析二者的差异。RIPv1 和 RIPv2 对比实验流程如图 4－7 所示。

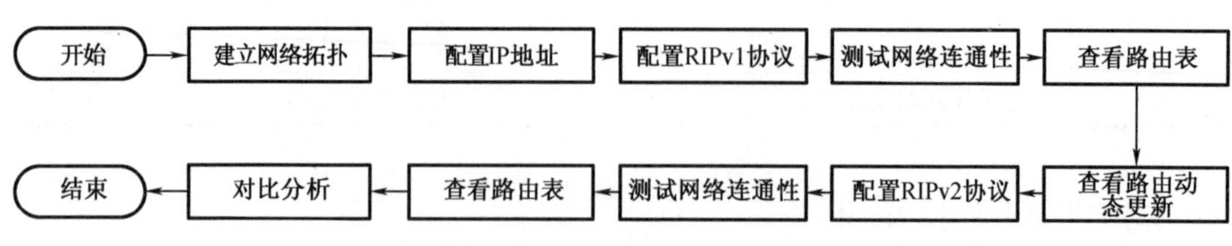

图 4－7　RIPv1 和 RIPv2 对比实验流程

5. 实验步骤

(1)建立网络拓扑

本次实验网络采用不连续子网。假设某公司从地理位置上分为2个区域,每个区域有一台路由器,分别连接1个子网和2个子网,需要将两台路由器用链路连接在一起并做适当配置,实现3个子网之间的连通,其网络拓扑如图4-8所示。网络中的路由器通过"Physical"选项卡增加"HWIC-2T"模块来扩展其串口。

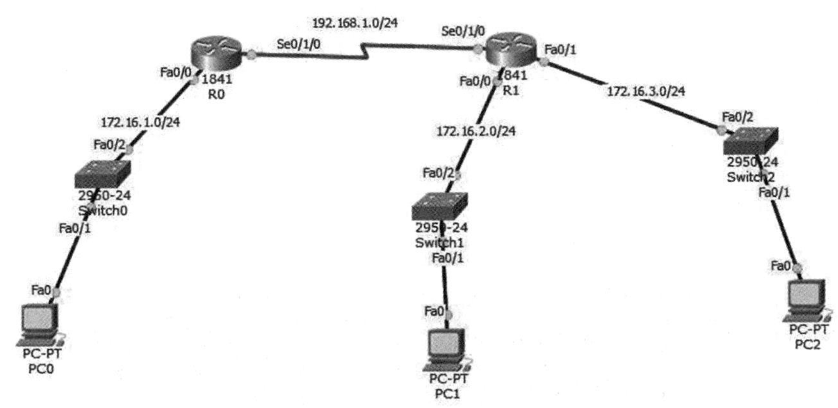

图4-8　不连续子网网络拓扑

(2)配置IP地址

各路由器和PC机IP地址规划如表4-3所示。

表4-3　IP地址规划

设备名称	端口	IP地址	默认网关
路由器R0	f0/0	172.16.1.254/24	—
	s0/1/0	192.168.1.1/24	—
路由器R1	f0/0	172.16.2.254/24	—
	f0/1	172.16.3.254/24	—
	s0/1/0	192.168.1.2/24	—
PC0	f0	172.16.1.1/24	172.16.1.254
PC1	f0	172.16.2.1/24	172.16.2.254
PC2	f0	172.16.3.1/24	172.16.3.254

(3)配置RIPv1协议

R0的路由配置如下:

```
R0(config)#router rip
R0(config-router)#version 1
R0(config-router)#network 172.16.1.0
R0(config-router)#network 192.168.1.0
```

R1 的路由配置如下：

```
R1(config)#router rip
R1(config-router)#version 1
R1(config-router)#network 192.168.1.0
R1(config-router)#network 172.16.2.0
R1(config-router)#network 172.16.3.0
```

(4)测试网络连通性

从 PC0 分别去 ping PC1 和 PC2，发现目的主机不可达，如图 4-9 所示。

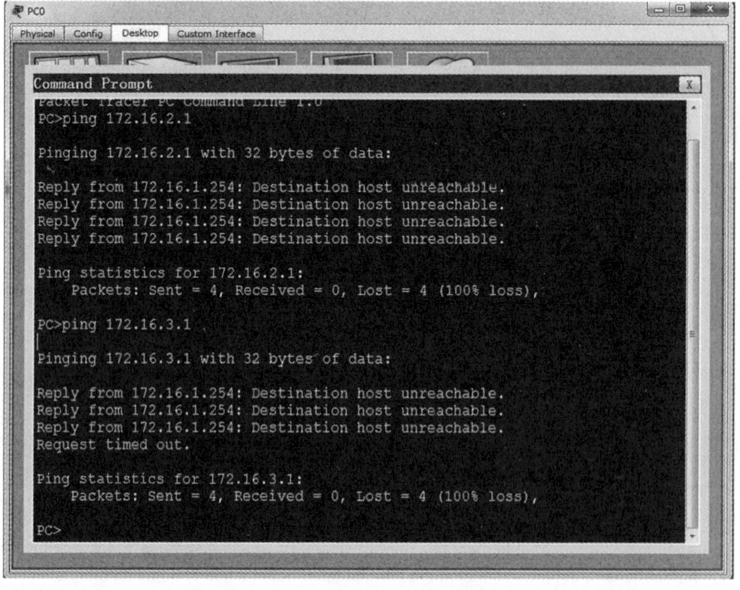

图 4-9　配置 RIPv1 网络不通

(5)查看路由表

配置 RIPv1 协议后，网络不通，为了查找原因，先查看路由器的路由表。R0 的路由表如图 4-10 所示。从图 4-10 中可以看到，R0 的路由表只有 2 个直连网络的信息，表明它没有学习到另外 2 个子网的信息；再看 R1 的路由表，如图 4-11 所示，它的路由表也只有 3 个直连网络的信息，而没有另一个子网的信息。所以路由不通。

```
R0
Physical  Config  CLI
IOS Command Line Interface
R0#show ip route
Codes: C - connected, S - static, I - IGRP, R - RIP, M -
mobile, B - BGP
       D - EIGRP, EX - EIGRP external, O - OSPF, IA - OSPF
inter area
       N1 - OSPF NSSA external type 1, N2 - OSPF NSSA
external type 2
       E1 - OSPF external type 1, E2 - OSPF external type 2,
E - EGP
       i - IS-IS, L1 - IS-IS level-1, L2 - IS-IS level-2, ia
- IS-IS inter area
       * - candidate default, U - per-user static route, o -
ODR
       P - periodic downloaded static route

Gateway of last resort is not set

     172.16.0.0/24 is subnetted, 1 subnets
C       172.16.1.0 is directly connected, FastEthernet0/0
C    192.168.1.0/24 is directly connected, Serial0/1/0
R0#
Copy  Paste
```

图 4 - 10　配置 RIPv1 后 R0 的路由表

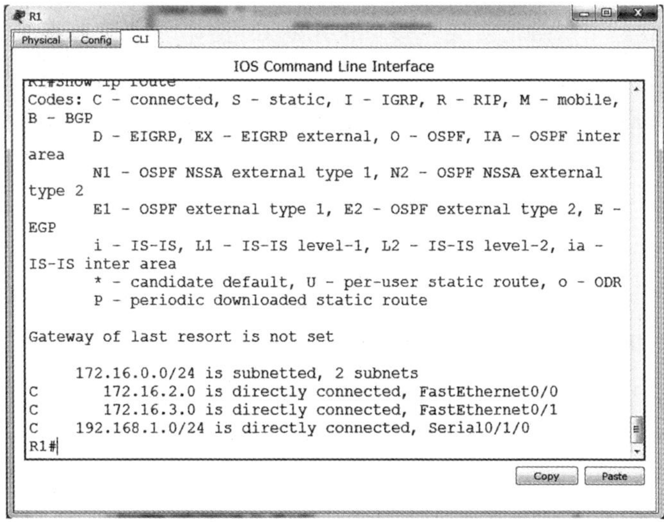

```
R1
Physical  Config  CLI
IOS Command Line Interface
R1#show ip route
Codes: C - connected, S - static, I - IGRP, R - RIP, M - mobile,
B - BGP
       D - EIGRP, EX - EIGRP external, O - OSPF, IA - OSPF inter
area
       N1 - OSPF NSSA external type 1, N2 - OSPF NSSA external
type 2
       E1 - OSPF external type 1, E2 - OSPF external type 2, E -
EGP
       i - IS-IS, L1 - IS-IS level-1, L2 - IS-IS level-2, ia -
IS-IS inter area
       * - candidate default, U - per-user static route, o - ODR
       P - periodic downloaded static route

Gateway of last resort is not set

     172.16.0.0/24 is subnetted, 2 subnets
C       172.16.2.0 is directly connected, FastEthernet0/0
C       172.16.3.0 is directly connected, FastEthernet0/1
C    192.168.1.0/24 is directly connected, Serial0/1/0
R1#
Copy  Paste
```

图 4 - 11　配置 RIPv1 后 R1 的路由表

(6)查看路由动态更新

路由表的信息不完整是否与路由更新有关呢？接下来查看路由器的动态更新情况，R0 的动态更新如图 4 - 12 所示，可以清晰地看到 R0 收到了 R1 发来的路由更新信息（图中阴影部分）：172.16.0.0，距离是 1。R1 本来直连了 2 个子网，但由于 RIPv1 的自动汇总功能，R1 将 172.16.2.0/24 和 172.16.3.0/24 汇总成了一条路由信息发给了 R0。问题是 R0 是否接收了 R1 发来的路由更新呢？这就需要我们对照 RIPv1 的接收规则来分析。

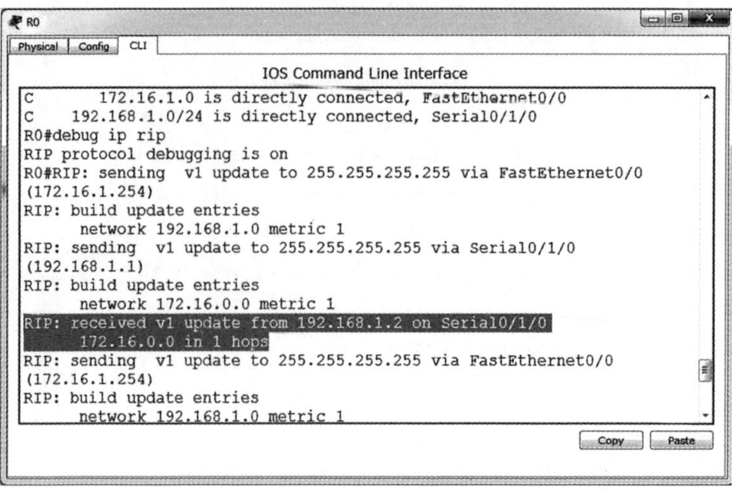

图 4-12　配置 RIPv1 后 R0 的动态更新

根据 RIP 的接收规则，首先查看更新路由信息 172.16.0.0 与 R0 的接收接口 s0/1/0（192.168.1.1）所在的网络是否为同一主网络，显然不是。172.16.0.0 的主网络是 B 类网络，而 192.168.1.0 的主网络是 C 类。接下来判断 R0 路由表中是否有 172.16.0.0 的任一子网络且是从其他接口学习到的，显然是的。R0 直连了 172.16.1.0，它属于 172.16.0.0 的子网，且 R0 通过 f0/0 接口学习到它。这样一来，R1 发来的路由更新信息，没有被 R0 接收，而是被忽略了。所以 R0 也就一直学习不到 172.16.2.0/24 和 172.16.3.0/24 这两个子网，也就没有达到这两个网络的路由。同理，R1 也学习不到 172.16.1.0/24 这个子网，因此网络不通。

以上网络不通的结果验证了前面所述的：RIPv1 不支持不连续的子网。我们再对照图 4-8 看，172.16.0.0 的 3 个子网被不同主类的网络 192.168.1.0 分割开来。从上述分析可知，RIPv1 不支持不连续子网的根本原因在于：两边子网络由信息都不被对方直连路由器接收，造成路由表不完整，从而导致两边子网的数据包无法达到对方子网。

（7）配置 RIPv2 协议

可以直接在两个路由器上配置 RIPv2 协议，为了更清楚地查看子网，关闭自动汇总功能。R0 配置如下：

```
R0 >en
R0#conf t
R0(config)#router rip
R0(config-router)#version 2                         //配置 RIPv2 协议
R0(config-router)#no auto-summary                   //关闭路由自动汇总功能
R0(config-router)#passive-interface f0/0
                              //设置 f0/0 为被动接口,不向主机 PC0 发送路由器更新包
```

R1 配置如下：

```
R1 >en
R1#conf t
R1(config)#router rip
```

```
R1(config-router)#version 2                    //配置 RIPv2 协议
R1(config-router)#no auto-summary              //关闭路由自动汇总功能
R1(config-router)#passive-interface f0/0
                        //设置 f0/0 为被动接口,不向主机 PC1 发送路由器更新包
R1(config-router)#passive-interface f0/1
                        //设置 f0/1 为被动接口,不向主机 PC2 发送路由器更新包
```

(8)测试网络连通性

配置 RIPv2 后,再次测试网络连通性,可以看到网络连通,如图 4-13 所示。

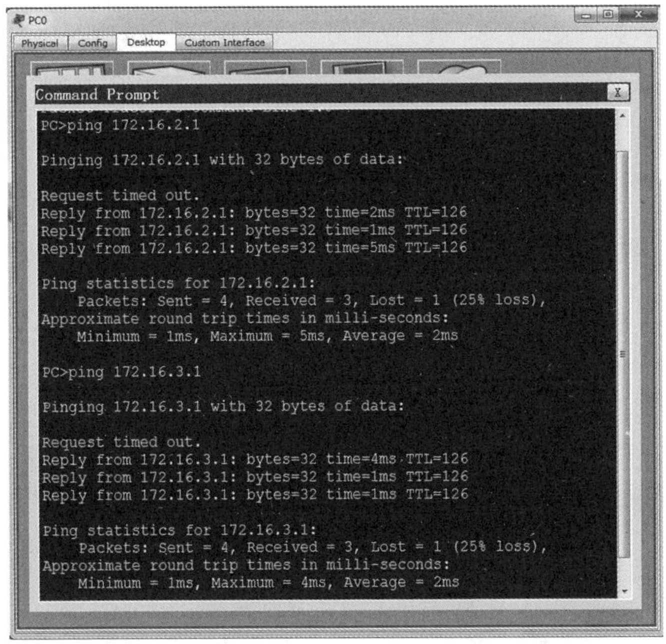

图 4-13　配置 RIPv2 后 PC0 可 ping 通 PC1 和 PC2

(9)查看路由表

再次查看路由表,R0 的路由表如图 4-14 所示。从图中可以看到,路由表不仅有两个直连网络的信息,而且包含了通过 RIPv2 学习到的两个子网:172.16.2.0/24 和 172.16.3.0/24。同理,可以查看 R1 的路由表,也可以看到 R1 也学习到了子网 172.16.1.0/24 的信息。

(10) 对比分析

通过上面的实验,可以清楚地看到 RIPv1 是有类路由协议,协议数据包不带掩码信息,不支持不连续子网;而 RIPv2 作为其改进版本,是无类别路由协议,协议数据包携带掩码信息,支持不连续子网。另外,也可以通过其他实验证明 RIPv1 不支持 VLSM,而 RIPv2 支持 VLSM。RIPv1 的这些不足,限制了它的应用,所以在大多数小型网络或区域网络中,更多地

使用 RIPv2 协议。

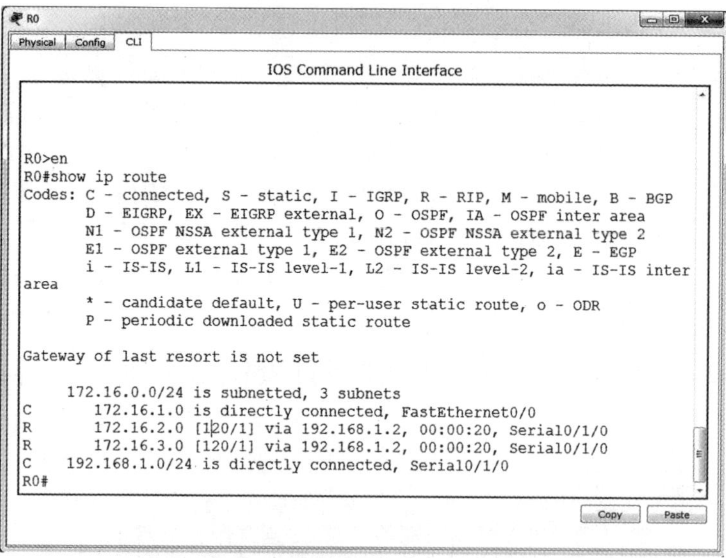

图 4 - 14　配置 RIPv2 协议后 R0 的路由表

6. 思考与分析

图 4 - 15 是一个含有 VLSM 的网络，请分别验证配置 RIPv1 和 RIPv2 后，网络是否可通？如果不通，请深入分析其原因。

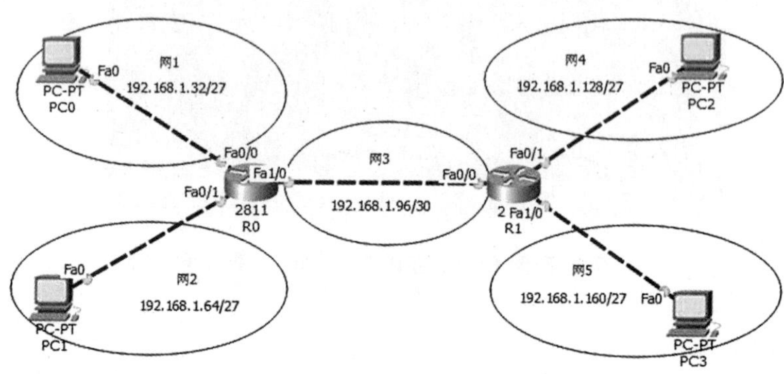

图 4 - 15　含有 VLSM 的网络

第五章　OSPF 路由协议

尽管 RIP 协议具有开销小、配置简单、使用方便的特点，但其支持的最大跳数仅为 15，限制了网络的规模，所以在较大型网络中经常使用 OSPF 路由协议。本章将通过两个实验来学习 OSPF 的工作原理及其配置方法。

实验一　单区域 OSPF 路由配置

1. 实验目的

(1)理解链路状态路由协议与距离矢量路由协议的异同
(2)理解 OSPF 路由协议
(3)掌握单区域 OSPF 的配置与管理
(4)掌握查看 OSPF 协议的相关信息

2. 实验内容

(1)搭建包含多个子网的网络
(2)完成单区域 OSPF 路由配置，实现全网 ping 通
(3)查看 OSPF 路由协议信息

3. 实验原理

(1)OSPF 协议简介

开放式最短路径优先(Open Shortest Path First, OSPF)是一个内部网关协议(Iterior Gateway Protocol, IGP)，用于单一自治系统(Autonomous System, AS)内部决策路由，应用迪杰斯特拉(Dijkstra)提出的最短路径算法(SPF)构造路由表。OSPF 分为 OSPFv2 和 OSPFv3 两个版本，其中 OSPFv2 用于 IPv4 网络，而 OSPFv3 则用于 IPv6 网络。OSPF 与 RIP 相比，收敛更快，适合规模更大的网络，应用也更为广泛。

(2)OSPF 协议特点

①OSPF 是链路状态协议。

OSPF 将连接两个路由器的链路状态归为一个度量或代价，以此来表示链路的时延、带宽、费用和距离等，可以由网络管理员配置其大小，范围为 1 ~ 65 535。

②OSPF 采用最短路径优先算法(SPF)计算路由。

OSPF 中的每一台路由器都会维护一个本区域的拓扑结构图(LSDB)，路由器依据拓扑

图中的节点和链路代价计算出一棵以自己为根的最短路径树,根据这棵树,就可以找到去往各目的网络的最短路径,并生成自己的路由表。由于 OSPF 采用最短路径树算法计算路由,故从算法本身保证了不会生成自环路由。

③OSPF 使用层次结构的区域划分。

OSPF 将一个自治系统再划分为若干更小的区域,可以将每一个区域内部交换路由信息的通信量大大减小,因而使 OSPF 能够用于规模很大的自治系统中。

④负载平衡。

OSPF 支持到同一目的的地址多条等值路由,以实现负载平衡。

⑤收敛速度快。

如果网络的拓扑结构发生变化,OSPF 立即洪泛发送更新报文,使这一变化快速在自治系统中同步,使路由快速收敛。

⑥OSPF 支持变长子网掩码 VLSM 和无分类编址 CIDR。

⑦支持验证。

OSPF 支持基于接口的报文验证以保证路由计算的安全性。

⑧协议自身的开销控制小。

(3)OSPF 协议的工作过程

①每台路由器了解其自身的链路(即与其直连的网络)。

②每台路由器负责"问候"直连网络中的相邻路由器。

③每台路由器创建一个个链路状态数据包,其中包含与该路由器直连的每条链路的状态。

④每台路由器将传入的链路状态路由包用洪泛法发给所有邻居,然后邻居将收到的所有链路状态数据存储到数据库中。

⑤每台路由器使用数据库创建一个完整的拓扑图并计算通向每个目的网络的最佳路径。

上述几个过程是不停止的反复过程。

(4)常用的配置命令

OSPF 实验常用的配置命令如表 5-1 所示。

表 5-1 OSPF 实验常用的配置命令

命令	功能及参数含义
router ospf process-id	进入 OSPF 配置模式,process-id 范围:1~65 535
router-id A. B. C. D	以 IP 地址的形式配置路由器的路由 ID
network network wildcard-mask area area-id	通告直连网络及所属区域,network 是网络地址,wildcard-mask 是子网掩码的反码,area-id 是区域号
show ip ospf	查看 OSFP 进程及区域细节的数据
show ip ospf database	查看路由器 OSPF 数据库信息
show ip ospf interface	查看接口 OSPF 信息
show ip ospf neighbor	查看 OSPF 邻居信息
show ip ospfneighbor detail	查看 OSPF 邻居更详细的信息
Clear ip route	清空路由表

4. 实验流程

本次实验通过建立单域 OSPF 网络拓扑，掌握 OSPF 协议的工作原理及其配置过程，实验流程如图 5－1 所示。

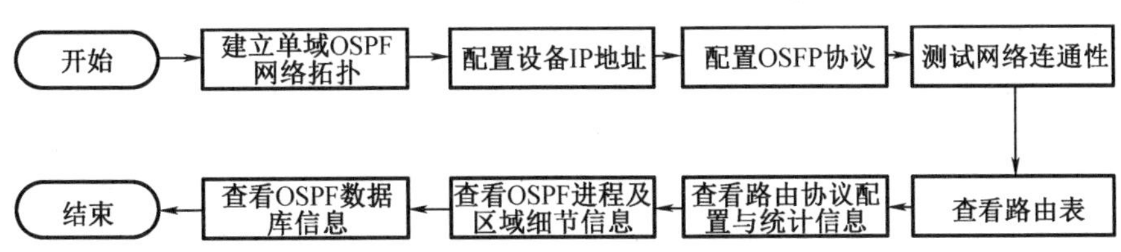

图 5－1　单区域 OSPF 实验流程

5. 实验步骤

（1）建立单域 OSPF 网络拓扑

单区域 OSPF 应用于网络拓扑不大、只使用一个区域就可以满足需求的情况，网络拓扑如图 5－2 所示，它由 4 个路由器连接 5 个网段组成，全部属于一个区域。

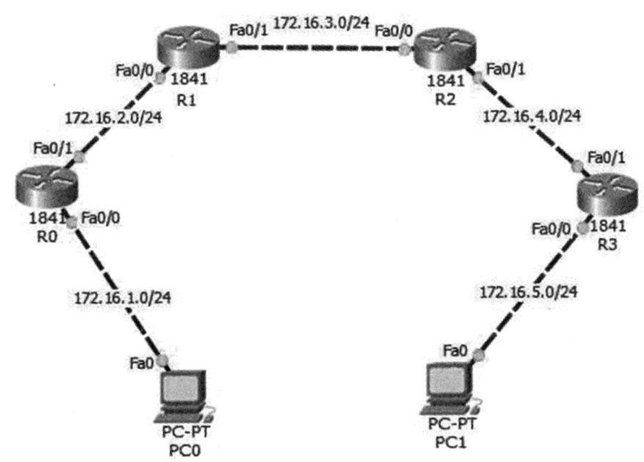

图 5－2　单区域 OSPF 路由配置实验网络拓扑

（2）配置设备 IP 地址

对图 5－1 所示网络配置表 5－2 所规划的 IP 地址。

表 5－2　单区域 OSPF 路由配置实验 IP 地址规划

设备	接口	IP 地址	默认网关	区域（area）
路由器 R0	f0/0	172.16.1.254/24	—	0
	f0/1	172.16.2.1/24	—	0

表 5 -2(续)

设备	接口	IP 地址	默认网关	区域(area)
路由器 R1	f0/0	172.16.2.2/24	—	0
	f0/1	172.16.3.1/24	—	0
路由器 R2	f0/0	172.16.3.2/24	—	0
	f0/1	172.16.4.1/24	—	0
路由器 R3	f0/0	172.16.5.254/24	—	0
	f0/1	172.16.4.2/24	—	0
PC0	f0	172.16.1.1/24	172.16.1.254	—
PC1	f0	172.16.5.1/24	172.16.5.254	—

(3)配置 OSPF 协议

①R0 配置命令及其说明如下：

```
R0(config)#router ospf 10
//进入 ospf 路由配置模式,进程号为 10。进程号用于一台路由器上区分不同 OSPF 进程,一般情况下路由器只有一个 OSPF 进程,但边界路由器处于两个自治系统中,可能有两个不同 OSPF 进程,需要用不同的进程号标识。进程号必须设置,其取值范围为 1 ~65 535。进程号只具有本地意义,因此同一网络中,不同路由器可以有相同的进程号,也可以不同。本实验中所有路由器进程号都为 10。

R0(config-router)#router-id 1.1.1.1
//设置路由器 ID 为 1.1.1.1,其实就是在 OSPF 中给该路由器起个名字,用来表示该路由器,因此路由器的 ID 必须不同。

R0(config-router)#network 172.16.1.0 0.0.0.255 area 0
R0(config-router)#network 172.16.2.0 0.0.0.255 area 0
//宣告本路由器的直连网络,命令中使用了通配符,通配符为网络掩码的反码,所以 OSPF 天然地支持 VLSM 和 CIDR。area 用于说明该网络属于哪个区域,这一点很重要,因为 OSPF 的链路状态通告(Link State Advertisement,LSA)里面包含区域号的信息。
```

②R1 配置命令如下：

```
R1(config)#router ospf 10
R1(config-router)#router-id 2.2.2.2
R1(config-router)#network 172.16.2.0 0.0.0.255 area 0
R1(config-router)#network 172.16.3.0 0.0.0.255 area 0
```

③R2 配置命令如下：

```
R2(config)#router ospf 10
R2(config-router)#router-id 3.3.3.3
R2(config-router)#network 172.16.3.0 0.0.0.255 area 0
R2(config-router)#network 172.16.4.0 0.0.0.255 area 0
```

④R3 配置命令如下：

```
R3(config)#router ospf 10
R3(config-router)#router-id 4.4.4.4
R3(config-router)#network 172.16.4.0 0.0.0.255 area 0
R3(config-router)#network 172.16.5.0 0.0.0.255 area 0
```

(4)测试网络连通性

由 PC0 去 ping PC1，如图 5－3 所示，结果显示网络可达，说明 OSPF 配置正确。

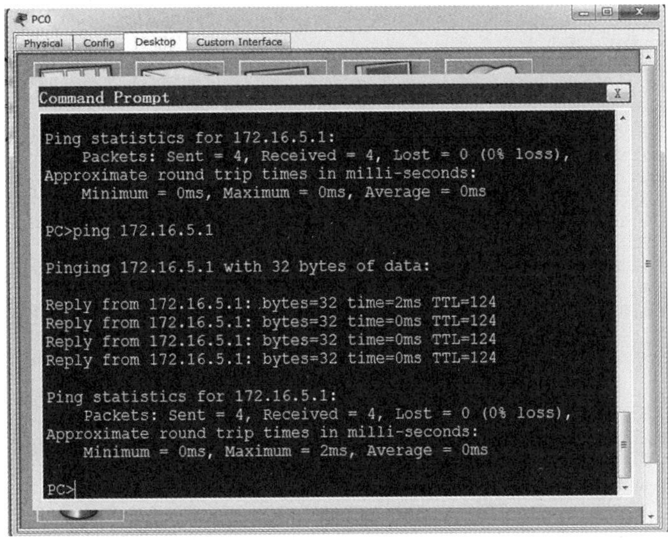

图 5－3 PC0 ping PC1 的结果

(5)查看路由表

R0 的路由信息如图 5－4 所示。

```
R0#show ip route
Codes: C - connected, S - static, I - IGRP, R - RIP, M - mobile, B -
BGP
       D - EIGRP, EX - EIGRP external, O - OSPF, IA - OSPF inter area
       N1 - OSPF NSSA external type 1, N2 - OSPF NSSA external type 2
       E1 - OSPF external type 1, E2 - OSPF external type 2, E - EGP
       i - IS-IS, L1 - IS-IS level-1, L2 - IS-IS level-2, ia - IS-IS
inter area
       * - candidate default, U - per-user static route, o - ODR
       P - periodic downloaded static route

Gateway of last resort is not set

     172.16.0.0/24 is subnetted, 5 subnets
C       172.16.1.0 is directly connected, FastEthernet0/0
C       172.16.2.0 is directly connected, FastEthernet0/1
O       172.16.3.0 [110/2] via 172.16.2.2, 00:02:37, FastEthernet0/1
O       172.16.4.0 [110/3] via 172.16.2.2, 00:02:37, FastEthernet0/1
O       172.16.5.0 [110/4] via 172.16.2.2, 00:02:37, FastEthernet0/1
R0#
```

图 5－4 R0 的路由表

从图5-4可以看到,R0中有5条路由,对应网络拓扑中的5个网络,"C"开头的代表两个直连网络,"O"开头的代表通过OSPF学习到的路由。

其他路由器的路由信息类似,请读者自己分析。

(6)查看路由协议配置与统计信息

在R0的特权模式下,输入"show ip protocols",即可得到R0的统计信息,如图5-5所示。

```
R0#show ip protocols

Routing Protocol is "ospf 10"
  Outgoing update filter list for all interfaces is not set
  Incoming update filter list for all interfaces is not set
  Router ID 1.1.1.1
  Number of areas in this router is 1. 1 normal 0 stub 0 nssa
  Maximum path: 4
  Routing for Networks:
    172.16.1.0 0.0.0.255 area 0
    172.16.2.0 0.0.0.255 area 0
  Routing Information Sources:
    Gateway         Distance      Last Update
    1.1.1.1              110      00:14:56
    2.2.2.2              110      00:14:56
    3.3.3.3              110      00:14:56
    4.4.4.4              110      00:14:56
  Distance: (default is 110)
```

图5-5　R0的路由协议配置及统计信息

类似地,可以得到其他路由器的统计信息,在此忽略,请读者自行查看。

(7)查看OSPF进程及区域细节信息

在R0的特权模式下,输入"show ip ospf",即可得到R0的进程信息,如图5-6所示。

```
R0#show ip ospf
 Routing Process "ospf 10" with ID 1.1.1.1
 Supports only single TOS(TOS0) routes
 Supports opaque LSA
 SPF schedule delay 5 secs, Hold time between two SPFs 10 secs
 Minimum LSA interval 5 secs. Minimum LSA arrival 1 secs
 Number of external LSA 0. Checksum Sum 0x000000
 Number of opaque AS LSA 0. Checksum Sum 0x000000
 Number of DCbitless external and opaque AS LSA 0
 Number of DoNotAge external and opaque AS LSA 0
 Number of areas in this router is 1. 1 normal 0 stub 0 nssa
 External flood list length 0
    Area BACKBONE(0)
        Number of interfaces in this area is 2
        Area has no authentication
        SPF algorithm executed 2 times
        Area ranges are
        Number of LSA 7. Checksum Sum 0x03a8c4
        Number of opaque link LSA 0. Checksum Sum 0x000000
        Number of DCbitless LSA 0
        Number of indication LSA 0
        Number of DoNotAge LSA 0
        Flood list length 0
```

图5-6　R0的OSPF进程信息

类似地,可以得到其他路由器的OSPF进程及区域细节信息,在此忽略,请读者自行查看。

(8)查看 OSPF 数据库信息

在 R0 的特权模式下,输入“show ip ospf database”,即可得到 R0 的 OSPF 数据库信息,如图 5－7 所示。

```
R0#show ip ospf database
            OSPF Router with ID (1.1.1.1) (Process ID 10)

                Router Link States (Area 0)

Link ID         ADV Router      Age         Seq#       Checksum Link count
3.3.3.3         3.3.3.3         1503        0x80000005 0x005fc1 2
4.4.4.4         4.4.4.4         1503        0x80000004 0x00cc0d 2
1.1.1.1         1.1.1.1         1503        0x80000004 0x0017e3 2
2.2.2.2         2.2.2.2         1503        0x80000005 0x0067c5 2

                Net Link States (Area 0)
Link ID         ADV Router      Age         Seq#       Checksum
172.16.3.2      3.3.3.3         1503        0x80000001 0x00d5b7
172.16.4.2      4.4.4.4         1503        0x80000001 0x005cc8
172.16.2.2      2.2.2.2         1503        0x80000001 0x00cacf
R0#
```

图 5－7　R0 的 OSPF 数据库信息

类似地,可以得到其他路由器的 OSPF 数据库信息,在此忽略,请读者自行查看。

6. 思考与分析

(1)配置路由器 OSPF 时,一台路由器可以有多个 OSPF 进程号吗?

(2)OSPF 的链路状态一般包含哪些信息?

实验二　多区域 OSPF 路由配置

1. 实验目的

(1)理解 OSPF 划分区域的概念

(2)理解单区域 OSPF 和多区域 OSPF 的不同

(3)掌握多区域 OSPF 的配置与管理

2. 实验内容

(1)搭建包含区域子网的网络

(2)完成多区域 OSPF 路由配置,实现全网 ping 通

(3)查看 OSPF 路由协议信息

3. 实验原理

为了降低 OSPF 计算最短路径算法的复杂程度,OSPF 采用分区域计算,即将网络中所

有 OSPF 路由器划分成不同的区域,每个区域负责各自区域精确的 LSA 传递与路由计算,然后再将一个区域的 LSA 简化和汇总之后转发到另一个区域。区域分为骨干区域(Backbone Area)和标准区域(Normal Area)。其中,骨干区域位于顶层。一般来说,所有标准区域应该直接和骨干区域连接,标准区域间的通信数据包要通过骨干区域路由转发,标准区域只能和骨干区域交换链路状态通告,标准区域相互之间即使直连也无法互换 LSA。区域的命名可以采用整数数字,如 1,2,3 等,也可采用 32 位 IP 地址的形式。骨干区域只能被命名为 0 区域。

OSPF 区域是基于路由器的接口划分的,而不是基于整台路由器划分的。一台路由器可以属于单个区域,也可以属于多个区域。如果一台 OSPF 路由器属于单个区域,则该路由器的所有接口都属于同一个区域,这样的路由器称为区域内部路由器(IR)。如果一台 OSPF 路由器属于多个区域,即路由器的接口属于不同的区域,则这台路由器称为区域边界路由器(ABR),ABR 可以将一个区域的 LSA 汇总后转发至另一个区域。

采用分层次划分区域的方法虽然使交换信息的种类增多了,同时也使 OSPF 协议更加复杂了,但这样做却可以使每一个区域内部交换路由信息的通信量大大减少,因而使 OSPF 协议能够拥有规模更大的自治系统。

4. 实验流程

本次实验通过建立多区域 OSPF 网络拓扑,理解 OSPF 划分区域意义及多 OSPF 配置过程,实验流程如图 5-8 所示。

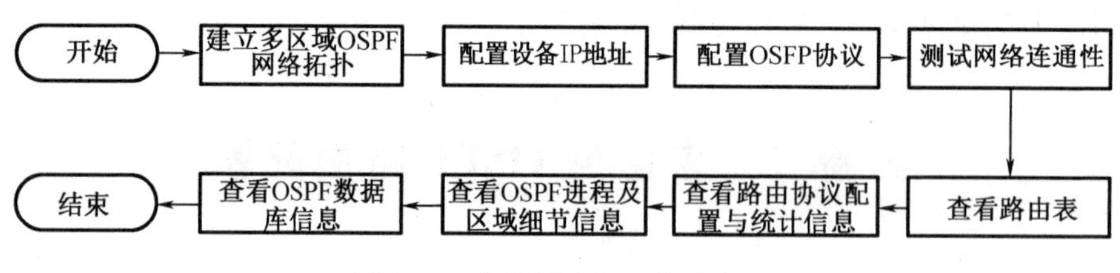

图 5-8 多区域 OSPF 实验流程

5. 实验步骤

(1)建立多区域 OSPF 网络拓扑

多区域 OSPF 实验网络拓扑结构如图 5-9 所示,它有 4 个路由器连接了 6 个网段,这 6 个网段分布在 3 个区域。其中 R2 是 2811 路由器,增加了一个“NM-2FE2W”模块,扩展了网络接口。

(2)配置设备 IP 地址

对图 5-9 所示网络配置表 5-3 所规划的设备 IP 地址。

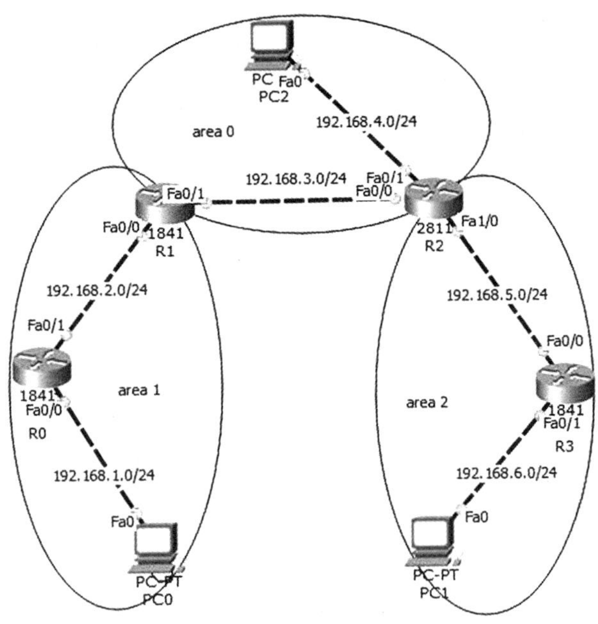

图 5－9　多区域 OSPF 实验网络拓扑

表 5－3　多区域 OSPF 实验 IP 地址规划

设备	接口	IP 地址	默认网关	区域(area)
路由器 R0	f 0/0	192.168.1.254/24	—	1
	f 0/1	192.168.2.1/24	—	1
路由器 R1	f 0/0	192.168.2.2/24	—	1
	f 0/1	192.168.3.1/24	—	0
路由器 R2	f 0/0	192.168.3.2/24	—	0
	f 0/1	192.168.4.254/24	—	0
	f 1/0	192.168.5.1/24	—	2
路由器 R3	f 0/0	192.168.5.2/24	—	2
	f 0/1	192.168.6.254/24	—	2
PC0	f 0	192.168.1.1/.24	192.168.1.254	—
PC1	f 0	192.168.6.1/24	192.168.6.254	—
PC2	f 0	192.168.4.1/24	192.168.4.254	—

(3)配置 OSPF 协议

R0 中 OSPF 路由配置如下：

```
R0(config)#router ospf 10
R0(config-router)#router-id 1.1.1.1
R0(config-router)#network 192.168.1.0 0.0.0.255 area 1
R0(config-router)#network 192.168.2.0 0.0.0.255 area 1
```

R_1 中 OSPF 路由配置如下：

```
R1(config)#router ospf 10
R1(config-router)#router-id 2.2.2.2
R1(config-router)#network 192.168.2.0 0.0.0.255 area 1
R1(config-router)#network 192.168.3.0 0.0.0.255 area 0
```

R_2 中 OSPF 路由配置如下：

```
R2(config)#router ospf 10
R2(config-router)#router-id 3.3.3.3
R2(config-router)#network 192.168.3.0 0.0.0.255 area 0
R2(config-router)#network 192.168.4.0 0.0.0.255 area 0
R2(config-router)#network 192.168.5.0 0.0.0.255 area 2
```

R_3 中 OSPF 路由配置如下：

```
R3(config)#router ospf 10
R3(config-router)#router-id 4.4.4.4
R3(config-router)#network 192.168.5.0 0.0.0.255 area 2
R3(config-router)#network 192.168.6.0 0.0.0.255 area 2
```

(4)测试网络连通性

分别从 PC0 去 ping PC1 和 PC2，如图 5-10 所示，结果是通的，证明 OSPF 路由配置正确。

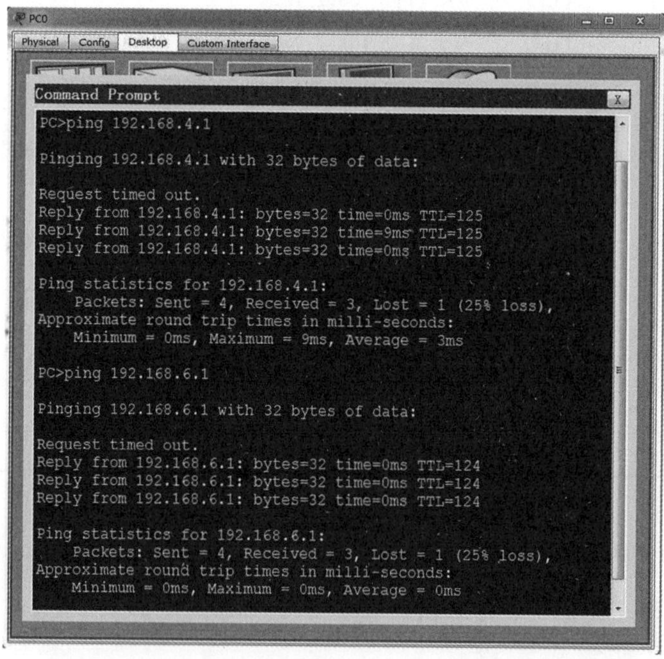

图 5-10　PC0 ping 通 PC1 和 PC2

(5)查看路由表

查看 R0 的路由,结果如图 5-11 所示。

```
R0#show ip route
Codes: C - connected, S - static, I - IGRP, R - RIP, M - mobile, B -
BGP
       D - EIGRP, EX - EIGRP external, O - OSPF, IA - OSPF inter area
       N1 - OSPF NSSA external type 1, N2 - OSPF NSSA external type 2
       E1 - OSPF external type 1, E2 - OSPF external type 2, E - EGP
       i - IS-IS, L1 - IS-IS level-1, L2 - IS-IS level-2, ia - IS-IS
inter area
       * - candidate default, U - per-user static route, o - ODR
       P - periodic downloaded static route

Gateway of last resort is not set

C    192.168.1.0/24 is directly connected, FastEthernet0/0
C    192.168.2.0/24 is directly connected, FastEthernet0/1
O IA 192.168.3.0/24 [110/2] via 192.168.2.2, 00:03:31, FastEthernet0/1
O IA 192.168.4.0/24 [110/3] via 192.168.2.2, 00:03:31, FastEthernet0/1
O IA 192.168.5.0/24 [110/3] via 192.168.2.2, 00:03:31, FastEthernet0/1
O IA 192.168.6.0/24 [110/4] via 192.168.2.2, 00:03:31, FastEthernet0/1
R0#
```

图 5-11 R0 的路由表

从上可以看出,R0 有 6 条路由,对应网络拓扑中的 6 个网段,其中 2 个"C"开头的代表直连网络,4 个"O IA"开头的,代表同一自治系统中不同区域的 OSPF 路由。

其他路由器的路由类似,请读者自行输出和分析。

(6)查看路由协议配置与统计信息

查看 R1 的路由协议配置与统计信息,结果如图 5-12 所示。

```
R1#show ip protocols

Routing Protocol is "ospf 10"
  Outgoing update filter list for all interfaces is not set
  Incoming update filter list for all interfaces is not set
  Router ID 2.2.2.2
  Number of areas in this router is 2. 2 normal 0 stub 0 nssa
  Maximum path: 4
  Routing for Networks:
    192.168.2.0 0.0.0.255 area 1
    192.168.3.0 0.0.0.255 area 0
  Routing Information Sources:
    Gateway         Distance      Last Update
    1.1.1.1              110      00:10:26
    2.2.2.2              110      00:10:25
    3.3.3.3              110      00:10:35
  Distance: (default is 110)
```

图 5-12 R1 的路由协议配置与统计信息

其他路由器的信息类似,请读者自行输出和分析。

(7)查看 OSPF 进程及区域细节信息

查看 R2 的 OSPF 进程及区域信息,结果如图 5-13 所示。

```
R2#show ip ospf
 Routing Process "ospf 10" with ID 3.3.3.3
 Supports only single TOS(TOS0) routes
 Supports opaque LSA
 It is an area border router
 SPF schedule delay 5 secs, Hold time between two SPFs 10 secs
 Minimum LSA interval 5 secs. Minimum LSA arrival 1 secs
 Number of external LSA 0. Checksum Sum 0x000000
 Number of opaque AS LSA 0. Checksum Sum 0x000000
 Number of DCbitless external and opaque AS LSA 0
 Number of DoNotAge external and opaque AS LSA 0
 Number of areas in this router is 2. 2 normal 0 stub 0 nssa
 External flood list length 0
    Area BACKBONE(0)
        Number of interfaces in this area is 2
        Area has no authentication
        SPF algorithm executed 10 times
        Area ranges are
        Number of LSA 7. Checksum Sum 0x02c232
        Number of opaque link LSA 0. Checksum Sum 0x000000
        Number of DCbitless LSA 0
        Number of indication LSA 0
        Number of DoNotAge LSA 0
        Flood list length 0
    Area 2
        Number of interfaces in this area is 1
        Area has no authentication
        SPF algorithm executed 8 times
        Area ranges are
        Number of LSA 7. Checksum Sum 0x02942d
        Number of opaque link LSA 0. Checksum Sum 0x000000
        Number of DCbitless LSA 0
        Number of indication LSA 0
        Number of DoNotAge LSA 0
        Flood list length 0
```

图 5-13　R2 的 OSPF 进程及区域信息

其他路由器的信息类似,请读者自行输出和分析。

(8)查看 OSPF 数据库信息

查看 R3 的路由 OSPF 数据库信息,结果如图 5-14 所示。

```
R3#show ip ospf database
            OSPF Router with ID (4.4.4.4) (Process ID 10)

                Router Link States (Area 2)

Link ID         ADV Router      Age         Seq#       Checksum Link count
4.4.4.4         4.4.4.4         1142        0x80000006 0x00913d 2
3.3.3.3         3.3.3.3         1133        0x80000006 0x004b0c 1

                Net Link States (Area 2)
Link ID         ADV Router      Age         Seq#       Checksum
192.168.5.2     4.4.4.4         1142        0x80000001 0x001806

                Summary Net Link States (Area 2)
Link ID         ADV Router      Age         Seq#       Checksum
192.168.1.0     3.3.3.3         1117        0x80000009 0x00805d
192.168.3.0     3.3.3.3         91          0x8000000a 0x005488
192.168.4.0     3.3.3.3         91          0x8000000b 0x004793
192.168.2.0     3.3.3.3         91          0x8000000c 0x006575
R3#
```

图 5-14　R3 的路由 OSPF 数据库信息

其他路由器的信息类似,请读者自行输出和分析。

6. 思考与分析

(1) OSPF 分层路由的主要思想是什么?

(2) OSPF 区域划分的目的和规则是什么?

第六章　VLAN 间路由

在第二章中,我们介绍了利用 VLAN 技术可以根据实际管理需要,将物理位置分散的用户划分到同一个 VLAN 实现便捷通信,同时限制广播风暴。但有时候,不同的 VLAN 需要通信,特别是在企业内部,不同的部门或项目组需要交流,这时候就要解决不同 VLAN 间通信问题,也就是 VLAN 间的路由。

本章实验将介绍两种方式来实现 VLAN 间通信:三层交换机和单臂路由。

实验一　三层交换机实现 VLAN 间通信

1. 实验目的

(1)理解三层交换机的功能

(2)掌握利用三层交换机实现 VLAN 间通信的方法

2. 实验内容

(1)搭建一个由三层交换机构建的局域网

(2)划分 VLAN

(3)利用三层交换机实现 2 个 VLAN 间的通信

3. 实验原理

(1)三层交换机工作原理

以太网二层交换机是利用 MAC 地址表进行转发操作的,而三层交换机是一个带有路由功能的二层交换机,它既能实现网络层的路由功能,又能实现数据链路层的高速转发。三层交换技术的出现,解决了企业内部子网之间必须依赖路由器进行通信的问题,多用于企业内部网。

当目的 IP 与源 IP 不在同一个三层网段时,发送方会向网关请求 ARP 缓存,这个网关往往是三层交换机里的一个地址,三层交换模块会查找 ARP 缓存表,将不在同一个三层网段 IP 的 MAC 地址返回给发送方,如果没有 ARP 缓存表,则运用其路由功能,找到下一跳的 MAC 地址,一方面将该地址保存,并将其发送给请求方,另一方面将该 MAC 地址发送到二层交换机引擎的 MAC 交换表中。这样,以后就可以进行高速的二层转发了。所以,三层交换机有时被描述为“一次路由,多次交换”。

在实际组网中,一个 VLAN 对应一个三层的网段,三层交换机采用交换虚拟接口

(Switching Virtual Interface,SVI)的方式实现 VLAN 间互连。SVI 是指交换机中的虚拟端口,对应一个 VLAN,并且配置 IP 地址,将其作为 VLAN 对应网段的网关,其作用类似于路由口。

(2)dot1q

英文"dot"就是"点"的意思,dot1q 也就是 802.1q,它是 IEEE 定义的关于 VLAN 的技术规范。所有厂商生产的设备都遵守这个规则,但 Cisco 自己开发了类似的协议 ISL,所以在定义 trunk 链路时,需要说明是用哪种协议来封装。例如:switchport trunk encapsulation dot1q。

(3)常用命令

本次实验常用的配置命令如表 6-1 所示。

表 6-1　常用配置命令

命令	含义
interface vlan vlan-id	进入 SVI 配置模式
switchport trunk encapsulation dot1q	用 dot1q 协议封装端口
show arp	查看交换机 ARP 缓存
ip routing	开启交换机路由功能

4. 实验流程

本次实验将通过三层交换机连接两个 VLAN,并开启其路由功能,实现两个 VLAN 间的通信,实验流程如图 6-1 所示。

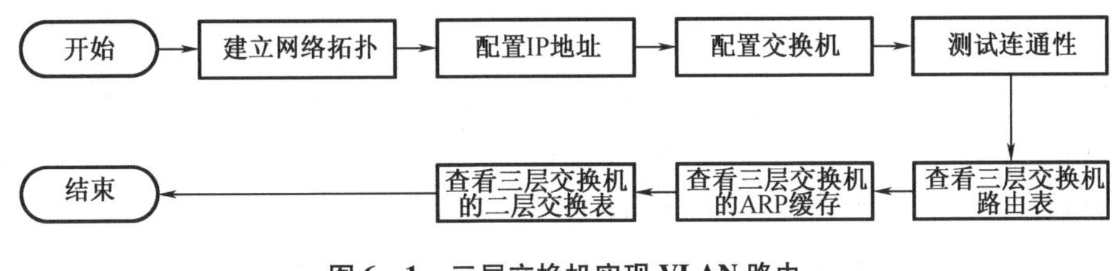

图 6-1　三层交换机实现 VLAN 路由

5. 实验步骤

(1)建立网络拓扑

建立如图 6-2 所示的网络拓扑,网络划分为两个网段,对应两个 VLAN,利用三层交换机连接两个网段,使之可以相互通信。

(2)配置 IP 地址

对图 6-2 所示的网络设备设计如表 6-2 所示的 IP 地址。

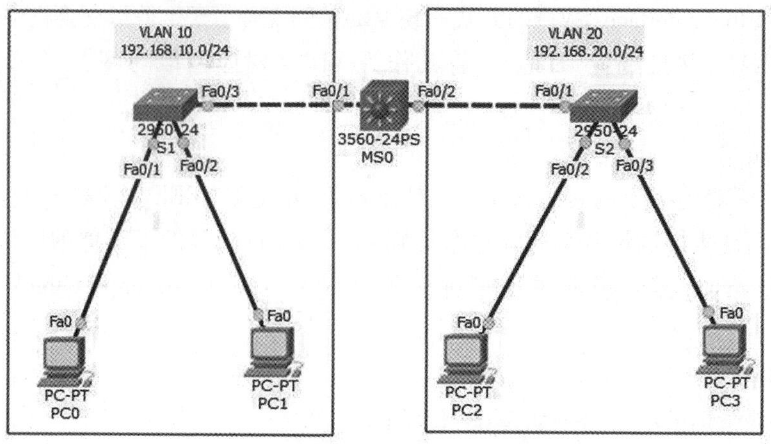

图 6-2　利用三层交换机实现 VLAN 间通信

表 6-2　IP 地址规划

设备名称	接口	IP 地址	VLAN	网关
三层交换机 MS0	VLAN 10	192.168.10.254	10	—
	VLAN 20	192.168.20.254	20	—
	f0/1	—	trunk	—
	f0/2	—	turnk	—
二层交换机 S1	f0/1	—	10	—
	f0/2	—	10	—
	f0/3	—	trunk	—
二层交换机 S2	f0/1	—	trunk	—
	f0/2	—	20	—
	f0/3	—	20	—
PC0	f0	192.168.10.1/24	10	192.168.10.254
PC1	f0	192.168.10.2/24	10	192.168.10.254
PC2	f0	192.168.20.1/24	20	192.168.20.254
PC3	f0	192.168.20.2/24	20	192.168.20.254

(3)配置交换机

①配置三层交换机

```
Switch>en
Switch#conf t
Switch(config)#hostname MS0
MS0(config)#ip routing                    //开启三层交换机的路由功能
MS0(config)#vlan 10                       //创建 VLAN 10
```

```
MS0(config-vlan)#vlan 20                              //创建 VLAN 20
MS0(config-vlan)#exit
MS0(config)#int range f0/1-2                          //同时进入 f0/1 和 f0/2 两个接口
MS0(config-if-range)#switchport trunk encapsulation dot1q
                                                      //思科三层交换机端口默认不封装
                                                        dot1q,所以要先封装协议,再将其
                                                        设为 trunk 模式
MS0(config-if-range)#switchport mode trunk            //设为 trunk 模式
MS0(config-if-range)#exit
MS0(config)#int vlan 10                               //进入 VLAN 10
MS0(config-if)#ip add 192.168.10.254 255.255.255.0
                                                      //配置 IP 地址,作为 VLAN 10 的默
                                                        认网关地址
MS0(config-if)#int vlan 20                            //进入 VLAN 20
MS0(config-if)#ip add 192.168.20.254 255.255.255.0
                                                      //配置 IP 地址,作为 VLAN 20 的默
                                                        认网关地址
```

②配置二层交换机

配置交换机 S1:

```
Switch>en
Switch#conf t
Switch(config)#hostname S1
S1(config)#vlan 10
S1(config-vlan)#int range f0/1-2
S1(config-if-range)#switchport access vlan 10
                                          //将接口 f0/1 和 f0/2 划分到 VLAN 10
S1(config-if-range)#exit
S1(config)#int f0/3S1(config-if)#switchport mode trunk
                                          //将接口 f0/3 设为 trunk 模式
```

配置交换机 S2:

```
Switch>en
Switch#conf t
Switch(config)#hostname S2
S2(config)#vlan 20
S2(config-vlan)#int range f0/2-3
S2(config-if-range)#switchport access vlan 20
                                          //将接口 f0/2 和 f0/3 划分到 VLAN 20
S2(config-if-range)#exit
S2(config)#int f0/1S2(config-if)#switchport mode trunk
                                          //将接口 f0/1 设为 trunk 模式
```

(4)测试连通性

分别从 PC0、PC1 去 ping PC2 和 PC3,都可以得到如图 6－3 的输出结果,证明三层交换机配置正确,可以实现 VLAN 间的路由。

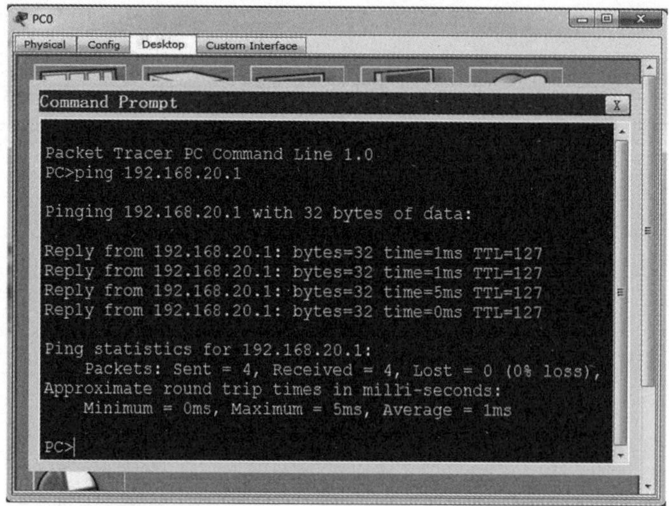

图 6－3　利用三层交换机实现了 VLAN 间通信

(5)查看三层交换机路由表

三层交换机具有路由功能,因此也有路由表,查询结果如图 6－4 所示。

```
MS0>en
MS0#show ip route
Codes: C - connected, S - static, I - IGRP, R - RIP, M - mobile, B -
BGP
       D - EIGRP, EX - EIGRP external, O - OSPF, IA - OSPF inter area
       N1 - OSPF NSSA external type 1, N2 - OSPF NSSA external type 2
       E1 - OSPF external type 1, E2 - OSPF external type 2, E - EGP
       i - IS-IS, L1 - IS-IS level-1, L2 - IS-IS level-2, ia - IS-IS
inter area
       * - candidate default, U - per-user static route, o - ODR
       P - periodic downloaded static route

Gateway of last resort is not set

C    192.168.10.0/24 is directly connected, Vlan10
C    192.168.20.0/24 is directly connected, Vlan20
MS0#
```

图 6－4　三层交换机路由表

从图 6－4 中可以看到,两个 SVI 接口连接了两个直连网络。需要注意的是,如果三层交换机不开启路由功能,则路由表是空的。

(6)查看三层交换机的 ARP 缓存

为了便于观察,先将主机互相 ping 通,再来观察 ARP 缓存,结果如图 6－5 所示。

```
MS0#show arp
Protocol  Address          Age (min)  Hardware Addr   Type   Interface
Internet  192.168.10.1            72  0009.7C8C.7D59  ARPA   Vlan10
Internet  192.168.10.2            0   0001.422A.2240  ARPA   Vlan10
Internet  192.168.10.254          -   00D0.D369.EBC5  ARPA   Vlan10
Internet  192.168.20.1            72  0001.639B.5AA0  ARPA   Vlan20
Internet  192.168.20.2            71  00E0.F9AA.C4E5  ARPA   Vlan20
Internet  192.168.20.254          -   00D0.D369.EBC5  ARPA   Vlan20
MS0#
```

图 6－5　三层交换机的 ARP 缓存

从图 6－5 中可以看到,即使是不同的目的网络,也可以查询到其对应的 MAC 地址,便于进行二层封装,达到一次路由,多次交换的效果。

(7)查看三层交换机的二层交换表

封装为 MAC 帧后,再根据二层交换表将帧转发出去,最终找到目的主机。查询结果如图 6－6 所示。

```
MS0#show mac address-table
          Mac Address Table
-------------------------------------------

Vlan    Mac Address       Type        Ports
----    -----------       --------    -----

   1    0005.5e54.1603    DYNAMIC     Fa0/1
   1    0050.0f76.ce01    DYNAMIC     Fa0/2
  10    0001.422a.2240    DYNAMIC     Fa0/1
  10    0005.5e54.1603    DYNAMIC     Fa0/1
  10    0009.7c8c.7d59    DYNAMIC     Fa0/1
  20    0001.639b.5aa0    DYNAMIC     Fa0/2
  20    0050.0f76.ce01    DYNAMIC     Fa0/2
  20    00e0.f9aa.c4e5    DYNAMIC     Fa0/2
MS0#
```

图 6－6　三层交换机的二层交换表

6. 思考与分析

(1)请深入分析三层交换机“一次路由,多次交换”的原理。

(2)在图 6－6 中,每个接口都有 3 个 MAC 地址,请问这 3 个 MAC 分别是谁的地址?

实验二　单臂路由实现 VLAN 间通信

1. 实验目的

(1)理解单臂路由的含义

(2)掌握利用单臂路由实现 VLAN 间通信的方法

2. 实验内容

(1)搭建一个由路由器和交换机构建的局域网

(2)在交换机上划分2个VLAN

(3)利用路由器单臂路由实现2个VLAN间的通信

3. 实验原理

(1)单臂路由的含义

在三层交换机出现以前,多个VLAN之间的通信主要通过路由器的单臂路由来实现。所谓单臂路由,指的是在路由器的一个物理接口(即单臂或独臂)上通过配置多个逻辑子接口的方式,实现原来相互隔离的多个VLAN的通信(路由)。

(2)路由器子接口

路由器包含的物理接口一般比较少,有时为了扩展其功能,会将某一个物理接口在逻辑上划分为多个子接口(virtual sub - interface),子接口为物理接口的多重路由选择提供了更为灵活的连接方法。这些逻辑子接口不能被单独地开启或者关闭,也就是说,当物理接口被开启或者关闭时,该接口的所有子接口也随之被开启或者关闭。在实际应用中,往往使用这些子接口分别作为局域网中不同VLAN的网关,这样就可以仅使用一个物理接口为局域网中的不同VLAN提供路由,达到节省设备、降低组网成本的目的。

子接口的命名采用如下形式,例如:物理接口"f0/1",其子接口命名为"f0/1.1""f0/1.2"等。

(3)单臂路由的配置步骤

在路由器上配置单臂路由的主要步骤有:

①创建并定义子接口;

②定义VLAN的封装协议;

③设定子接口的IP地址作为VLAN的网关。

(4)常用命令

单臂路由的常用命令如表6-3所示。

表6-3 单臂路由的常用命令

命令	功能及其参数含义
interface interface. subinterface - number	定义路由器逻辑子接口,并进入逻辑接口配置模式,参数interface是路由器的物理接口,参数subinterface - number是其子接口编号 例如:int f0/0.1
encapsulation dot1q vlan - id	在路由器的逻辑子接口上封装dot1q协议,并将该逻辑子接口划分到vlan - id所对应的VLAN

4. 实验流程

本次实验在划分 VLAN 的基础上，通过配置路由器的单臂路由，实现不同 VLAN 间的通信，流程如图 6－7 所示。

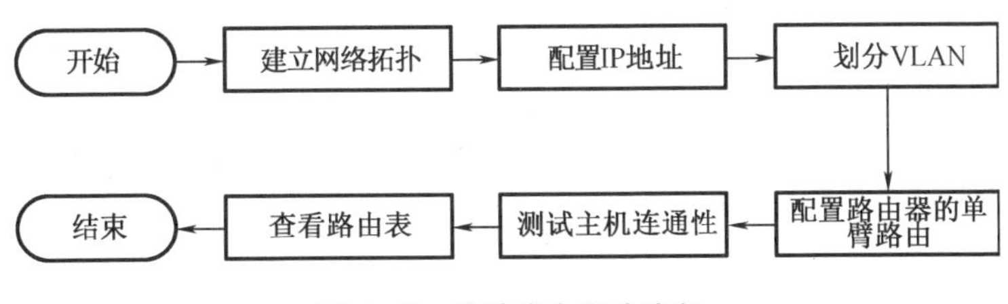

图 6－7 单臂路由实验流程

5. 实验步骤

(1)搭建网络拓扑

搭建如图 6－8 所示的网络拓扑，交换机连接 4 台 PC 机，划分成 2 个 VLAN，利用路由器的单臂路由功能实现 2 个 VLAN 间的通信。

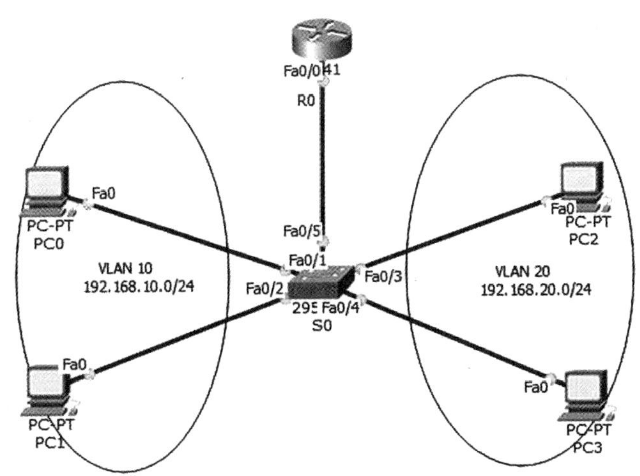

图 6－8 单臂路由网络拓扑

(2)配置 IP 地址

为图 6－8 中的设备设计表 6－4 所示的 IP 地址并完成所有 IP 地址的配置。

表 6－4 单臂路由网络 IP 地址规划

设备	接口	IP 地址	VLAN	网关
路由器 R0	f0/0.1	192.168.10.254/24	10	—
	f0/0.2	192.168.20.254/24	20	—

表 6-4(续)

设备	接口	IP 地址	VLAN	网关
交换机 S0	f0/1	—	10	—
	f0/2	—	10	—
	f0/3	—	20	—
	f0/4	—	20	—
	f0/5	—	trunk	—
PC0	f0	192.168.10.1/24	10	192.168.10.254
PC1	f0	192.168.10.2/24	10	192.168.10.254
PC2	f0	192.168.20.1/24	20	192.168.20.254
PC3	f0	192.168.20.2/24	20	192.168.20.254

(3)划分 VLAN

配置交换机并划分 VLAN,命令如下:

```
Switch>en
Switch#conf t
Switch(config)#hostname S0
S0(config)#vlan 10                                //创建 VLAN 10
S0(config-vlan)#vlan 20                           //创建 VLAN 20
S0(config-vlan)#exit
S0(config)#int range f0/1-2                       //同时进入接口 f0/1 和 f0/2
S0(config-if)#switchport mode access              //设置当前端口为 access 模式
S0(config-if)#switchport access vlan 10           //将当前端口划分到 VLAN 10
S0(config-if)#int range f0/3-4                    //同时进入接口 f0/3 和 f0/4
S0(config-if)#switchport mode access              //设置当前端口为 access 模式
S0(config-if)#switchport access vlan 20           //将当前端口划分到 VLAN 20
S0(config-if)#int f0/5
S0(config-if)#switch mode trunk                   //设置为 trunk 模式
```

(4)配置单臂路由

配置路由器的单臂路由命令如下:

```
Router>en
Router>#conf t
Router(config)>#hostname R0
R0(config)>#int f0/0
R0(config-if)>#no shut            //开启端口
R0(config-if)>#int f0/0.1         //进入 f0/0 的子接口 f0/0.1
R0(config-subif)>#encapsulation dot1q 10
                                  //给路由器子接口封装 dot1q 协议,并将其划入 VLAN 10
R0(config-subif)>#ip address 192.168.10.254 255.255.255.0
```

```
                                //设置子接口 IP 地址,作为 VLAN 10 主机的网关地址
R0(config-shubif)>#int f0/0.2 //进入 f0/0 的子接口 f0/0.2
R0(config-subif)>#encapsulation dot1q 20
                                //给路由器子接口封装 dot1q 协议,并将其划入 VLAN 20
R0(config-subif)>#ip address 192.168.20.254 255.255.255.0
                                //设置子接口 IP 地址,作为 VLAN 20 主机的网关地址
```

(5)测试主机连通性

将 VLAN 10 和 VLAN 20 的主机两两互 ping,查看其连通性,测试结果显示路由配置成功,VLAN 间可以通信。图 6-9 展示了 PC0 可以 ping 通 PC2 和 PC3。

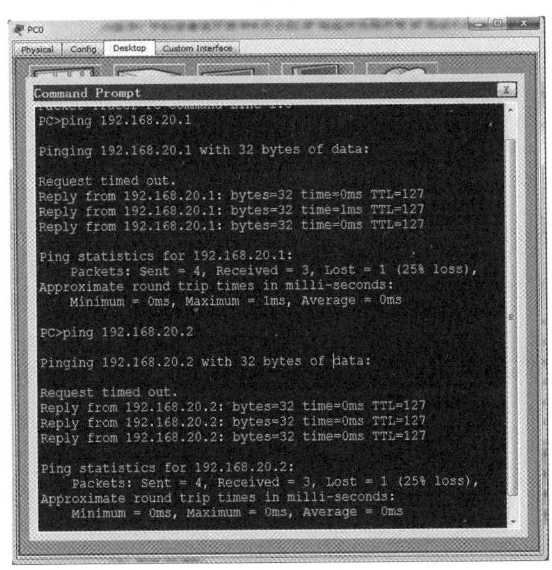

图 6-9　PC0 可以 ping 通 PC2 和 PC3

(6)查看路由表

查看路由器的路由表,可得结果如图 6-10 所示。从图中可以看到,路由器有 2 个直连网段,就是交换机划分的 2 个 VLAN,它们通过路由器定义的逻辑子接口连接到路由器。

```
R0#show ip route
Codes: C - connected, S - static, I - IGRP, R - RIP, M - mobile, B - BGP
       D - EIGRP, EX - EIGRP external, O - OSPF, IA - OSPF inter area
       N1 - OSPF NSSA external type 1, N2 - OSPF NSSA external type 2
       E1 - OSPF external type 1, E2 - OSPF external type 2, E - EGP
       i - IS-IS, L1 - IS-IS level-1, L2 - IS-IS level-2, ia - IS-IS
inter area
       * - candidate default, U - per-user static route, o - ODR
       P - periodic downloaded static route

Gateway of last resort is not set

C    192.168.10.0/24 is directly connected, FastEthernet0/0.1
C    192.168.20.0/24 is directly connected, FastEthernet0/0.2
R0#
```

图 6-10　单臂路由器的路由表

6. 思考与分析

(1)单臂路由有何意义?

(2)单臂路由和三层交换机实现 VLAN 间通信有何不同?

第七章　访问控制列表

如今的网络通过使用路由器技术，正在不断地把不同种类的网络连接起来，就像一个复杂的公路网。我们需要一种简单有效的方法来管理这个网络的流量，就好像在公路网上安装交通信号灯，或是设置禁行标志、规定单行线一样。

在管理网络数据流量的众多方法中，最简单方便且易于理解和使用的，就是访问控制列表(Access Control List，ACL)。ACL 就是识别和过滤那些由某些网络发出的或者被发送去某些网络的符合我们规定条件的数据流量，以决定这些数据流量是应该被转发还是被丢弃。本章将介绍通过配置标准 ACL 和扩展 ACL 来限制网络流量的方法。ACL 另外一个重要的应用就是管理虚拟终端连接，本章将在最后介绍其应用。

实验一　标准 ACL 及其应用

1. 实验目的

(1)理解 ACL 的含义和作用

(2)理解标准 ACL 的命令

(3)掌握标准 ACL 的配置和应用

2. 实验内容

(1)搭建包含内部网络和外部网络的网络

(2)在内部网络创建标准 ACL 并应用 ACL 以满足其安全管理要求

(3)测试标准 ACL 的效果

3. 实验原理

(1)ACL 的含义

ACL 是由一系列 permit 和 deny 语句组成的、有规则的列表，一般应用在路由器的接口上，对数据包进行过滤，从而实现对某些网络或设备的访问进行限制。

(2)ACL 的作用

ACL 可以被看作路由器的配置脚本，路由器通过运行这些脚本可以实现以下功能：

①限制网络流量，提高网络性能

②提供对通信流量的控制手段

③提供网络访问的基本安全手段

④决定在路由器接口上转发或者阻止一些类型的流量。

(3)ACL 分类

ACL 主要分为两大类:命名 ACL 和编号 ACL。命名 ACL 就是用字符给 ACL 列表取名,命名是唯一的。编号 ACL 就是用整数给 ACL 列表编号,编号也是唯一的。每一类 ACL 又可分为标准 ACL 和扩展 ACL,本章主要以编号 ACL 为例展开说明。

①标准 ACL:又称为标准 IP 访问控制列表,仅通过 IP 数据包中的源地址进行过滤。标准 ACL 列表的编号范围为:1 ~99 和 1 300 ~1 999。

②扩展 ACL:又称为扩展 IP 访问控制列表,它可以根据数据的源 IP、目的 IP、源端口、目的端口、协议等来定义规则,进行数据包的过滤,显然它的功能更强大。扩展 ACL 列表的编号范围为:100 ~199 和 2 000 ~2 699。

(4)ACL 配置步骤

配置 ACL 主要有两步,首先创建列表编号或者名称,并添加流量筛选条件(ip 地址、路由、协议),以及指定是允许(permit)还是拒绝(deny)。其次,将 ACL 应用到路由器接口并指明方向(in 或者 out)。

(5)ACL 配置注意事项

①流量方向

一个 ACL 只能控制接口上的一个方向的流量,首先要搞清楚流量的方向。如图 7 -1 所示,流量方向从左至右,则对于路由器的 f0/1 接口来说,就是流量入站(in),对于接口 f0/2来说,就是流量出站(out)。如果混淆了方向,则有可能起不到访问控制的效果。如果要同时控制入站流量和出站流量,则需要定义两个 ACL。

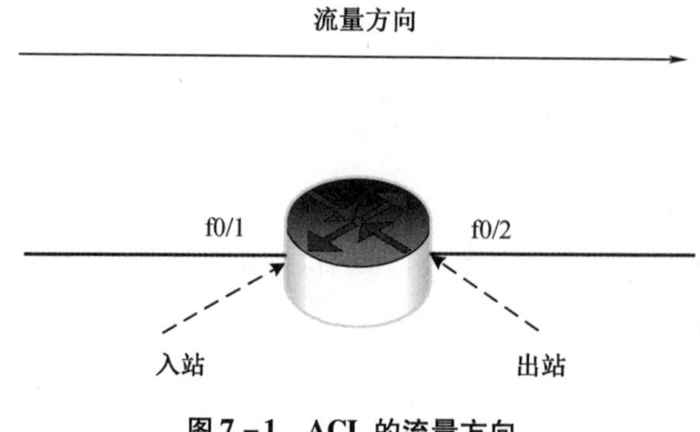

图 7 -1 ACL 的流量方向

②ACL 放置原则

ACL 配置在不同的接口上,其流量方向是不一样的。以图 7 -1 为例,若 ACL 配置在路由器 f0/1 接口,则方向为 in,若 ACL 配置在路由器的 f0/2 接口,则方向为 out,两种方法效果是一样的。原则上,在配置 ACL 时,如果应用的是标准 ACL,由于其只指定了源 IP,一般放置的位置尽可能靠近目的地址;而对于扩展 ACL,由于它既可指定源 IP,也可以指定目的 IP,且较复杂,为了减少对网络的不必要影响,一般将其放在靠近源地址的地方。

③通配符掩码

在 ACL 过滤规则中，要用到通配符。通配符由连续的 0 和 1 组成，也称为子网掩码反码，它与 IP 地址对应，0 表示对应位必须匹配，1 表示可以为任何值（不必匹配）。例如：

```
Router(config)#access - list 101 permit ip 192.168.1.0 0.0.0.255
```

这条指令允许 192.168.1.0/24 网络的主机访问。0.0.0.255 就是通配符，它前面三个 0 表示：源 IP 的前三字节必须是 192.168.1，也就是限制在 192.168.1.0/24 网络内，255 表示任何主机号都可以，整体指令实际就是允许 192.168.1.0/24 网络内的任何主机访问。

④host 和 any

在表达源 IP 地址和目的 IP 时，经常使用 host 和 any。any 允许所有 IP 地址作为源地址。例如，下面两行是等价的：

```
Access - list 100 permit 0.0.0.0 255.255.255.255
Access - list 100 permit any
```

host 表达某一主机 IP，例如，下面两行是等价的：

```
Access - list 200 permit 172.16.8.1 0.0.0.0
Access - list 200 permit host 172.16.8.1
```

⑤ACL 规则的顺序

对于有多条规则的 ACL，这些规则的顺序非常重要，ACL 严格按生效的顺序进行匹配。可以使用 show running - config 或 show access - list 命令查看生效的 ACL 规则顺序。

如果数据包与某条规则匹配，则根据规则中的关键字 permit 或 deny 进行操作，所有后续的规则则被忽略。也就是采用的是优先匹配的算法。路由器从开始往下检查列表，一次一条规则，直至发现匹配项为止。

⑥默认 deny 规则

每个 ACL 的最后，系统会自动附加一条隐式的“deny any”的规则，这条规则拒绝所有的数据包，所以设计 ACL 时，一般要包括 permit 语句，否则所有的数据包都会被拒绝。这一点非常重要，初学者容易忽视，导致 ACL 应用失败。

(6) 标准 ACL 命令

标准 ACL 常用命令如表 7 - 1 所示。

表 7 - 1　标准 ACL 常用命令及其功能含义

命令格式	功能及参数含义
access - list access - list - number deny{permit} source - ip wildcard - mask	创建标准 ACL。其中 access - list 是命令关键字，参数 access - list - number 是列表编号，范围为 1 ~ 99 或 1300 ~ 1999；关键字 deny {permit} 表示拒绝{允许}；参数 source - ip 表示源 IP 地址；参数 wildcard - mask 是通配符掩码
ip access - group access - list - number out{in}	将已经创建好的 ACL 应用到当前接口上。其中，ip access - group 是关键字，关键字 out{in} 表示流量方向
show access - list	查看当前生效的 ACL

表 7-1(续)

命令格式	功能及参数含义
show {protocol} interface {type/number}	查看在接口上应用的 ACL 及其方向,protocol 指协议类型,一般用 IP,type/number 表示接口,例如 f0/0

4. 实验流程

本次将建立一个包含内网和外网的网络,并在内网创建标准 ACL 并满足其安全管理要求,实验流程如图 7-2 所示。

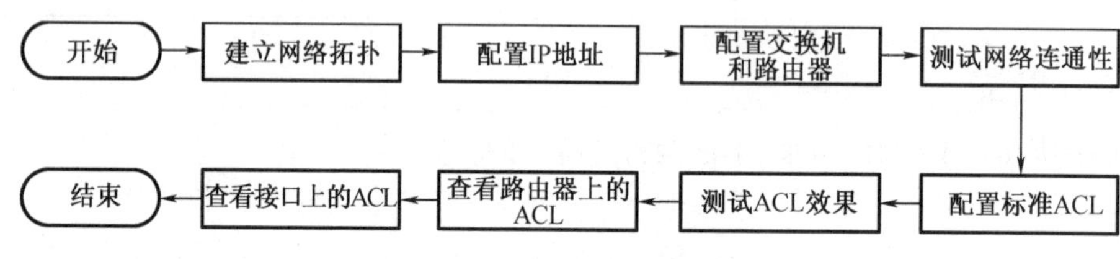

图 7-2　标准 ACL 实验流程

5. 实验步骤

(1)建立网络拓扑

建立如图 7-3 所示的网络拓扑,R0 是某公司出口路由器,对内用单臂路由连接了 3 个子网,VLAN 10 是内部员工子网,VLAN 20 是管理人员子网,VLAN 30 里有一台公司内部服务器 FTP-Server。

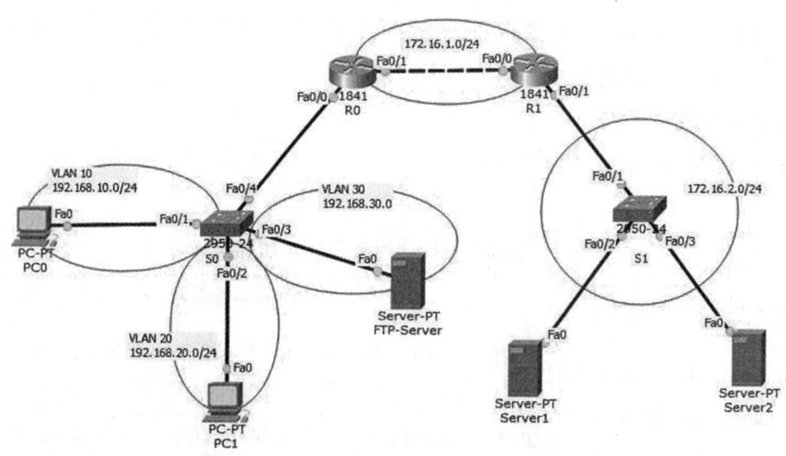

图 7-3　标准 ACL 网络拓扑

由于公司实际管理需要,有以下约定:

①由于工作需要,VLAN 10 不允许访问外部网络;

②VLAN 20 可以访问外部网络；

③只允许公司内部访问 FTP－Server。

(2)配置 IP 地址

不考虑共有地址和私有地址的差异，图 7－3 对应的 IP 地址规划如表 7－2 所示。

表 7－2 标准 ACL 网络设备 IP 地址规划

设备	端口	IP 地址	默认网关
路由器 R0	f0/0.1	192.168.10.254/24	—
	f0/0.2	192.168.20.254/24	—
	f0/0.3	192.168.30.254/24	—
	f0/1	172.16.1.1/254	—
路由器 R1	f0/0	172.16.1.2/24	—
	f0/1	172.16.2.254/24	—
PC0	f/0	192.168.10.1/24	192.168.10.254/24
PC1	f/0	192.168.20.1/24	192.168.20.254/24
FTP－Server	f/0	192.168.30.1/24	192.168.30.254/24
Server 1	f/0	172.16.2.1/24	172.16.2.254/24
Server 2	f/0	172.16.2.2/24	172.16.2.254/24

(3)配置交换机和路由器

在交换机 S0 上创建 VLAN，配置如下：

```
Switch>en
Switch#conf t
Switch(config)#hostname S0
S0(config)#vlan 10
S0(config-vlan)#vlan 20
S0(config-vlan)#vlan 30
S0(config-vlan)#int f0/1
S0(config-if)#switchport mode access
S0(config-if)#switchport access vlan 10
S0(config-if)#int f0/2
S0(config-if)#switchport mode access
S0(config-if)#switchport access vlan 20
S0(config-if)#int f0/3
S0(config-if)#switchport mode access
S0(config-if)#switchport access vlan 30
S0(config-if)#int f0/4
S0(config-if)#switchport mode trunk
```

在路由器 R0 配置单臂路由以及 OSPF 路由协议，配置如下：

```
Router>en
Router#conf t
Router(config)#hostname R0
R0(config)#int f0/0
R0(config-if)#no shut
R0(config-if)#int f0/0.1
R0(config-subif)#encapsulation dot1q 10
R0(config-subif)#ip add 192.168.10.254 255.255.255.0
R0(config-subif)#int f0/0.2
R0(config-subif)#encapsulation dot1q 20
R0(config-subif)#ip add 192.168.20.254 255.255.255.0
R0(config-subif)#int f0/0.3
R0(config-subif)#encapsulation dot1q 30
R0(config-subif)#ip add 192.168.30.254 255.255.255.0
R0(config-subif)#exit
R0(config)#int f0/1
R0(config-if)#ip add 172.16.1.1 255.255.255.0
R0(config-if)#no shutdown
R0(config-if)#exit
R0(config)#router ospf 10
R0(config-router)#router-id 1.1.1.1
R0(config-router)#network 192.168.0.0 0.0.255.255 area 0
R0(config-router)#network 172.16.1.0 0.0.0.255 area 0
R0(config-router)#
```

在路由器 R1 上配置 OSPF 路由协议,配置如下:

```
Router>en
Router#conf t
Router(config)#hostname R1
R1(config)#int f0/0
R1(config-if)#ip add 172.16.1.2 255.255.255.0
R1(config-if)#no shutdown
R1(config-if)#exit
R1(config)#int f0/1
R1(config-if)#ip add 172.16.2.254 255.255.255.0
R1(config-if)#no shutdown
R1(config-if)#exit
R1(config)#router ospf 10
R1(config-router)#router-id 2.2.2.2
R1(config-router)#network 172.16.1.0 0.0.0.255 area 0
R1(config-router)#network 172.16.2.0 0.0.0.255 area 0
R1(config-router)#
```

(4)测试网络连通性

配置好网络路由后,可以测试其连通性,可以发现 VLAN 10 可以访问外网,如图 7 – 4 所示。外网也可以访问 VLAN 30 的公司内部服务器,如图 7 – 5 所示。证明 OSPF 路由协议配置成功。

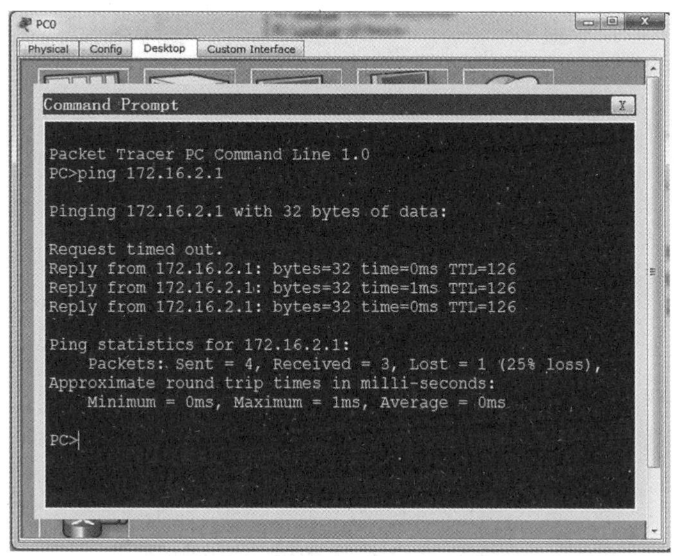

图 7 – 4　VLAN 10 可以访问外网

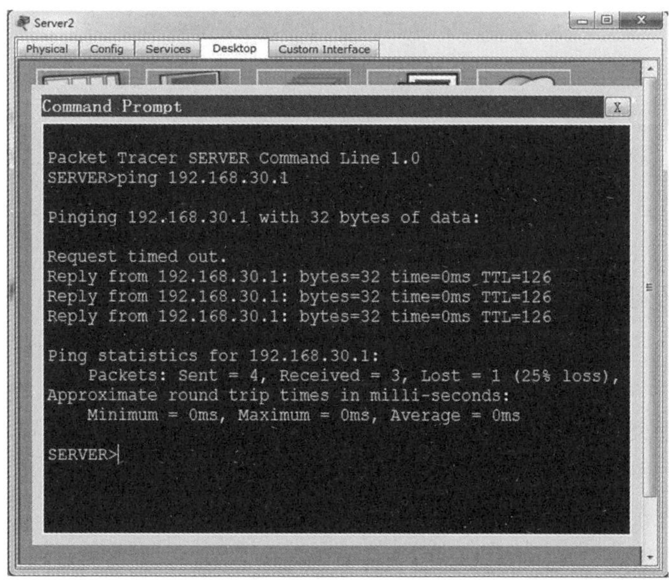

图 7 – 5　外网可以访问 VLAN 30 内部服务器

但是,这不符合公司的安全管理需求,接下来需要在出口路由器 R0 上配置 ACL 以满足公司的安全管理需求。

(5)配置标准ACL

为了满足公司的安全管理需求,设计两个ACL,分别限制VLAN 10访问外网和只允许公司内部访问服务器Server 0。在出口路由器R0上创建两个标准ACL,如下:

```
R0 >en
R0#conf t
R0(config)#access - list 1 permit 192.168.10.0 0.0.0.255
R0(config)#access - list 1 permit 192.168.20.0 0.0.0.255
                          //创建了标准ACL access - list 1,先允许公司内部两个子网通过,
                            系统会自动在最后增加"deny any"规则,则拒绝其他任何数据包
                            通过
R0(config)#int f0/0.3 //进入f0/0.3接口,该接口连接内部服务器
R0(config - subif)#ip access - group 1 out
                          //将access - list 1应用在f0/0.3接口,出方向检查,限制外网
                            访问服务器
R0(config - subif)#exit
R0(config)#access - list 2 permit 192.168.20.0 0.0.0.255
                          //创建了ACL access - list 2,先允许VLAN 20子网通过,系统会
                            自动在最后增加"deny any"规则,则拒绝其他任何数据包通过
R0(config)#int f0/1    //进入f0/1接口,该接口连接外部网络
R0(config - if)#ip access - group 2 out
                          //将access - list 2应用在f0/1接口,出方向检查。员工子网
                            VLAN 10将匹配后面隐式的"deny any"规则,被禁止从此端口出去。
R0(config - if)#
```

(6)测试ACL效果

从PC0去ping外网的Server 1,发现目的主机不可达,证明access - list 2起作用了,如图7-6所示。

从PC1去ping外网的Server 1,发现可以正常访问,如图7-7所示。

从外网试图访问公司内部服务器FTP - Server,显示目的主机不可达,证明access - list 1起作用了,如图7-8所示。

从上面的测试可以看出,配置的两个标准ACL都起作用了,access - list 1拒绝了外网对内部服务器的访问,access - list 2则拒绝VLAN 10访问外网,而允许VLAN 20访问外网。

(7)查看路由器上的ACL

在特权模式下可以使用命令"show access - list"来查看当前路由器所配置的所有ACL,如图7-9所示。也可以使用"show access - list access - list - number"来查看某一个具体的ACL。

(8)查看接口上的ACL

可以使用"show ip interface type/number"来查可以查看在某个接口上应用的ACL及其方向,如图7-10所示,显示了路由器R0接口f0/0.3应用了access - list 1,方向是出口方向(图中阴影部分)。

```
PC0
Physical | Config | Desktop | Custom Interface
Command Prompt

Packet Tracer PC Command Line 1.0
PC>ping 172.16.2.1

Pinging 172.16.2.1 with 32 bytes of data:

Reply from 192.168.10.254: Destination host unreachable.
Reply from 192.168.10.254: Destination host unreachable.
Reply from 192.168.10.254: Destination host unreachable.
Reply from 192.168.10.254: Destination host unreachable.

Ping statistics for 172.16.2.1:
    Packets: Sent = 4, Received = 0, Lost = 4 (100%
loss),

PC>
```

图 7 –6　**VLAN 10** 无法访问外网

```
PC1
Physical | Config | Desktop | Custom Interface
Command Prompt

Packet Tracer PC Command Line 1.0
PC>ping 172.16.2.1

Pinging 172.16.2.1 with 32 bytes of data:

Request timed out.
Reply from 172.16.2.1: bytes=32 time=0ms TTL=126
Reply from 172.16.2.1: bytes=32 time=0ms TTL=126
Reply from 172.16.2.1: bytes=32 time=0ms TTL=126

Ping statistics for 172.16.2.1:
    Packets: Sent = 4, Received = 3, Lost = 1 (25% loss),
Approximate round trip times in milli-seconds:
    Minimum = 0ms, Maximum = 0ms, Average = 0ms

PC>
```

图 7 –7　**VLAN 20** 可以访问外网

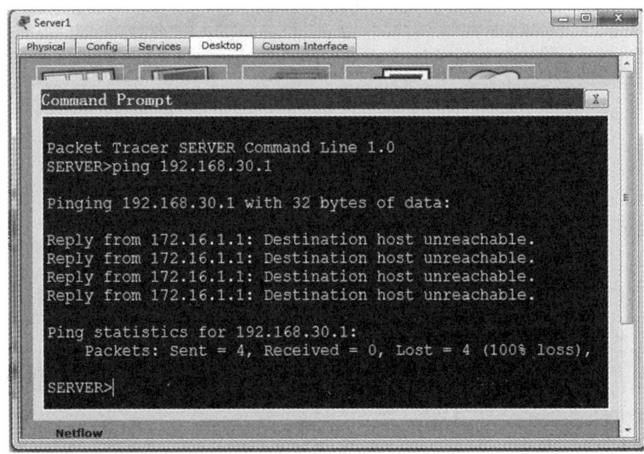

图 7 –8　外网无法访问内部服务器 **FTP – Server**

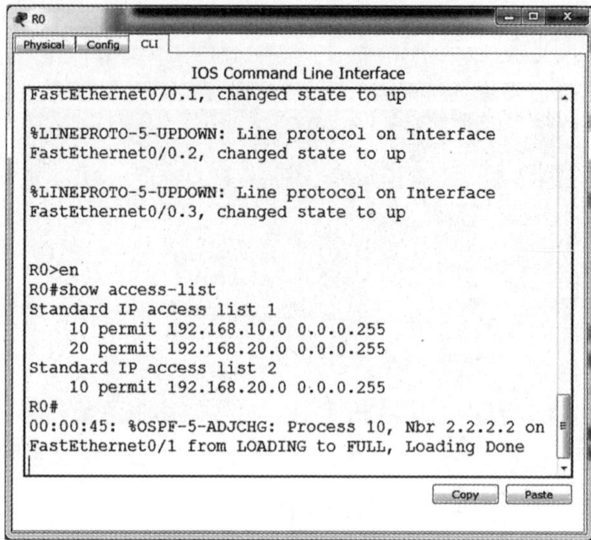

图 7-9　查看 ACL

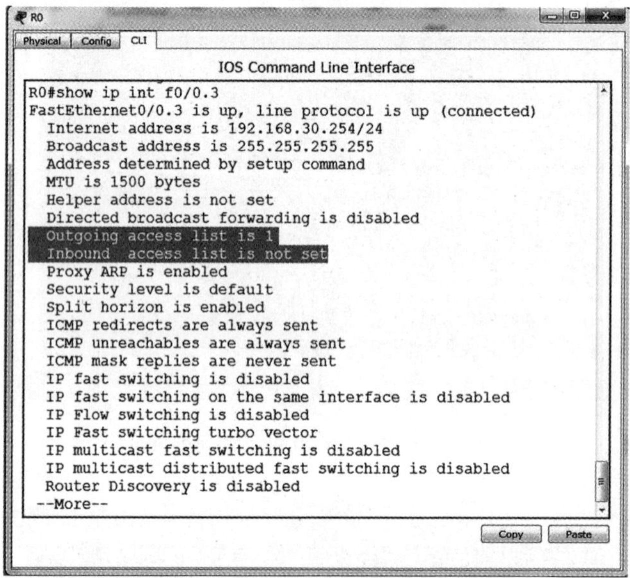

图 7-10　查看接口上的 ACL

6. 思考与分析

(1)配置标准 ACL 后,在图 7-3 中,如果从 Server 0 去 ping Server 1,可以 ping 通吗?如果不通,为什么呢?

(2)配置标准 ACL 后,在图 7-3 中,如果从 Server 0 去 ping PC0,可以 ping 通吗?如果不通,为什么呢?

实验二　扩展 ACL 及其应用

标准 ACL 占用路由器资源很少，是一种最基本、最简单的访问控制列表格式。应用比较广泛，经常在要求控制级别较低的情况下使用。如果要更加复杂地控制数据包的传输就需要使用扩展 ACL 了，它可以满足我们到端口级的要求。

1. 实验目的

(1)理解扩展 ACL 的命令

(2)掌握扩展 ACL 的配置和应用

2. 实验内容

(1)创建扩展 ACL

(2)在网络中应用扩展 ACL

(3)测试扩展 ACL 的效果

3. 扩展 ACL 常用命令

表 7－3　扩展 ACL 常用命令

命令格式	功能及参数含义
access－list access－list－number deny {permit} protocol source－ip wildcard－mask destination－ip wildcard－mask {other}	创建扩展 ACL。其中，protocol 为需要过滤的协议，source－ip 为源 IP 地址，destination－ip 为目的 IP 地址，wildcard－mask 是地址通配符，other 为一些其他可选的参数项，如 eq www 或 eq 80，表示与该协议或其占用的端口号匹配
no access－list access－list－number	取消创建的 ACL

4. 实验流程

扩展 ACL 的实验流程如图 7－11 所示。

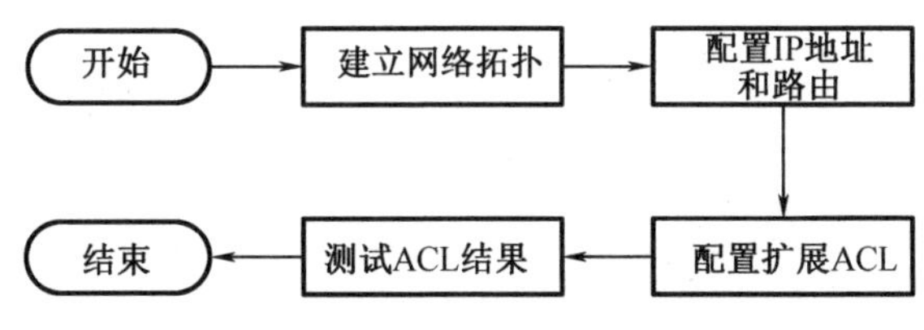

图 7－11　扩展 ACL 实验流程

5. 实验步骤

(1)建立网络拓扑,如图7-12所示,它是由图7-3稍做改动得到的,在VLAN 30子网中增加了一台Web-Server服务器,它的IP地址为192.168.30.2,其他设备的IP地址不变。公司的安全管理策略也进行了调整,约定如下:

①禁止外部网络访问FTP-Server

②外部网络只能访问Web-Server的WWW服务(不能ping)

③员工子网VLAN 10不能访问外部网络

④管理人员子网VLAN 20不能访问外部Server 1的WWW服务,但可以访问其他WWW服务。

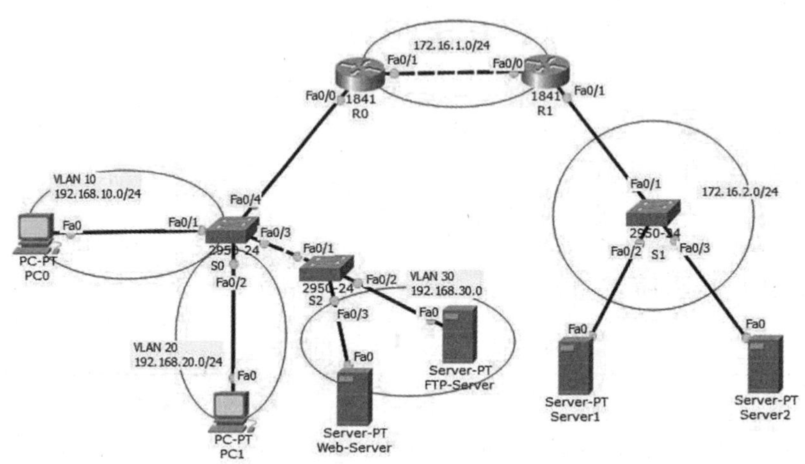

图7-12 扩展ALC实验拓扑

(2)配置IP地址和路由

本次实验的基本配置和图7-3一样,可以直接从图7-3的IP地址和路由配置移植过来。

(3)配置ACL

公司管理的约定第一条和第二条是关于外部网络对内网的访问,可以用一个ACL来实现,放在路由器R0的f0/1接口,方向为in;第三条和第四条是关于内网对外网的访问,可以用另外一个ACL来实现,也放在路由器R0的f0/1接口,方向为out。如果需要去掉以前创建的两条标准ACL,可以使用如下命令来实现:

```
R0(config)#no access-list 1
R0(config)#no access-list 2
```

在路由器R0上创建两条扩展ACL如下:

```
R0#en
R0#conf t
R0(config)#access-list 101 deny ip any host 192.168.30.1
```

```
                                        //禁止对 FTP - Server 的访问,因为
                                          ACL 施加在路由器 f0/1 的入口方
                                          向,所以相当于限制外网访问 FTP -
                                          Server,而公司内部访问不受限制
R0(config)#access - list 101 permit tcp any host 192.168.30.2 eq www
                                        //允许外网访问 Web - Server 的 WWW
                                          服务
R0(config)#access - list 101 deny ip any host 192.168.30.2
                                        //禁止外网访问 Web - Server
R0(config)#access - list 101 permit ip any any
                                        //允许其他数据包进入 R0
R0(config)#int f0/1
R0(config - if)#ip access - group 101 in
                                        //将 ACL 101 实施在路由器的接口
                                          f0/1 上,方向为 in
R0(config - if)#exit
R0(config)#access - list 102 deny tcp 192.168.20.0 0.0.0.255 host 172.16.2.1 eq
www
                                        //禁止 VLAN 20 访问外部服务器
                                          Server 1 的 WWW 服务
R0(config)#access - list 102 permit tcp any any eq www
                                        //允许访问其他站点的 WWW 服务
R0(config)#access - list 102 deny ip 192.168.10.0 0.0.0.255 any
                                        //禁止 VLAN 10 访问外网
R0(config)#access - list 102 permit ip any any  //允许其他子网访问外网
R0(config)#int f0/1
R0(config - if)#ip access - group 102 out
                                        //将 ACL 102 实施在路由器的接口
                                          f0/1 上,方向为 out
R0(config - if)#
```

(4)测试扩展 ACL 效果

①测试约定第一条:禁止外部网络访问 FTP - Server

从外部 Server 1 去 ping 公司内部 FTP - Server,显示目的主机不可达,如图 7 - 13 所示。

尝试外部 Server 1 去访问公司内部 FTP - Server 的 WWW 服务。在 Server 1 的“Desktop”选项卡中点击“Web Browser”,打开后,在 URL 中输入 FTP - Server 的 IP 地址,点击“Go”,等一小会儿,结果显示请求超时,如图 7 - 14 所示。

②测试约定第二条:外部网络只能访问 Web - Server 的 WWW 服务(不能 ping)

外部 Server 1 去访问公司内部 Web - Server 的 WWW 服务,可以访问,如图 7 - 15 所示。

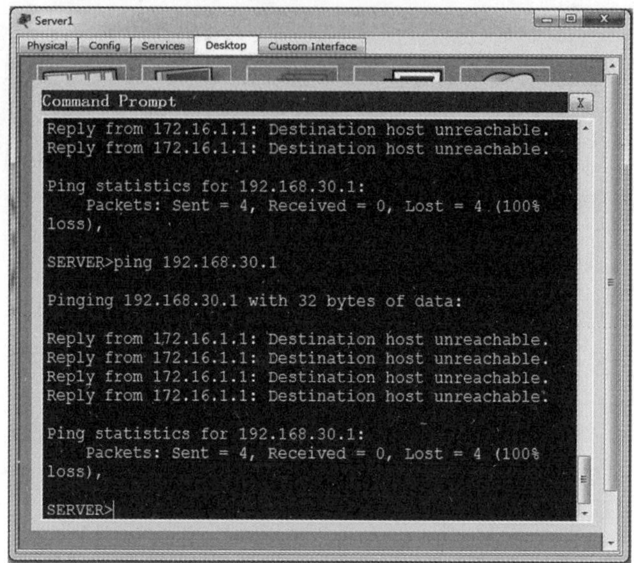

图 7－13　外网无法 ping 通 FTP－Server

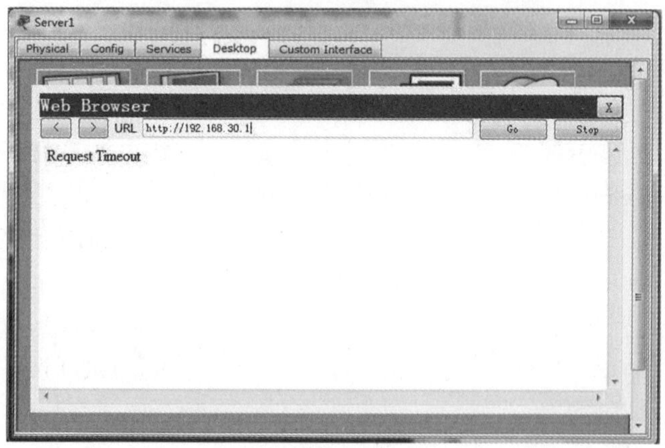

图 7－14　外网访问 FTP－Server 的 WWW 服务超时

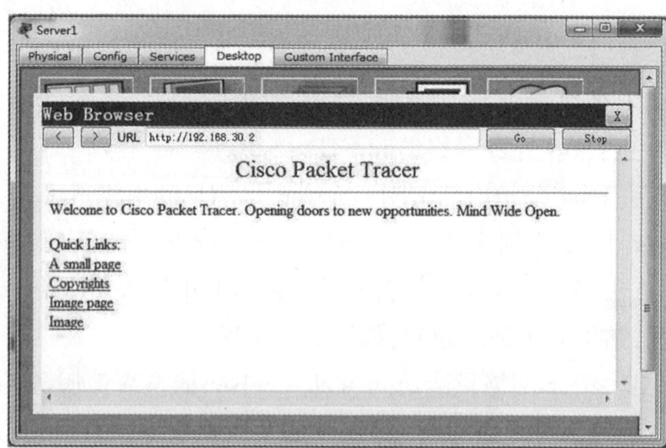

图 7－15　外部 Server 1 可以访问公司内部 Web－Server 的 WWW 服务

外部 Server 1 去 ping 公司内部 Web－Server，显示目的主机不可达，如图 7－16 所示。

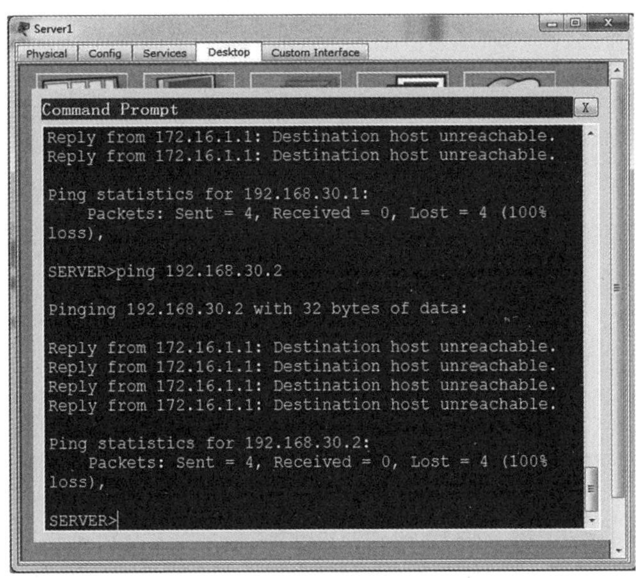

图 7－16　外部 Server 1 无法 ping 通公司内部 Web－Server

③测试约定第三条：员工子网 VLAN 10 不能访问外部网络

从 PC0 去 ping 外部 Server 1，结果显示目的主机不可达，如图 7－17 所示。

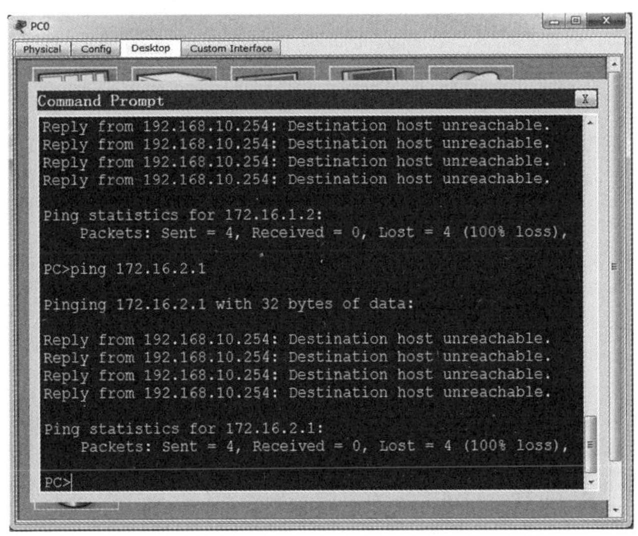

图 7－17　VLAN 10 无法访问外部网络

④测试约定第四条：管理人员子网 VLAN 20 不能访问外部 Server 1 的 WWW 服务，但可以访问其他 WWW 服务。

从 PC1 请求外部 Server 1 的 WWW 服务，结果显示请求超时，如图 7－18 所示。

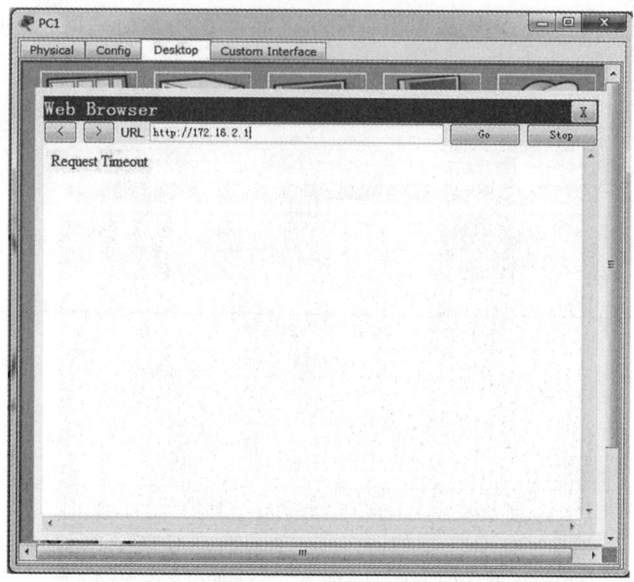

图 7－18　VLAN 20 不能访问 Server 1 的 WWW 服务

从 PC1 请求外部 Server 2 的 WWW 服务，结果显示请求成功，如图 7－19 所示。

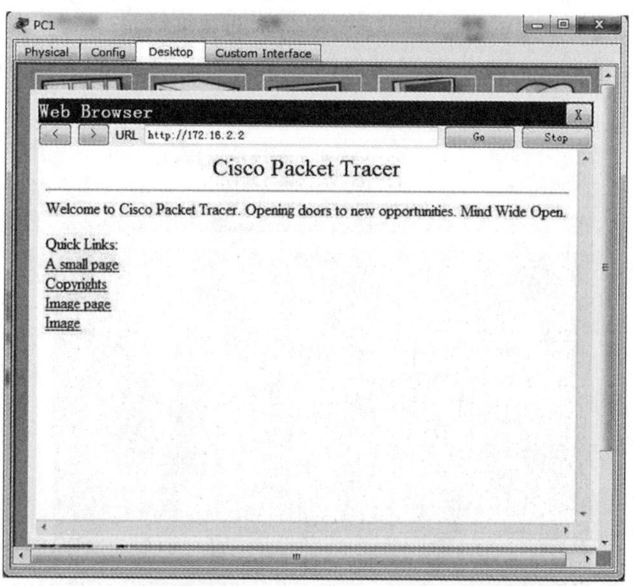

图 7－19　VLAN 20 可以访问 Server 2 的 WWW 服务

从 PC1 去 ping 外部 Server 1，发现可以 ping 通，如图 7－20 所示。能 ping 通这是因为它匹配了 ACL101 中的“permit ip any any”这一条。

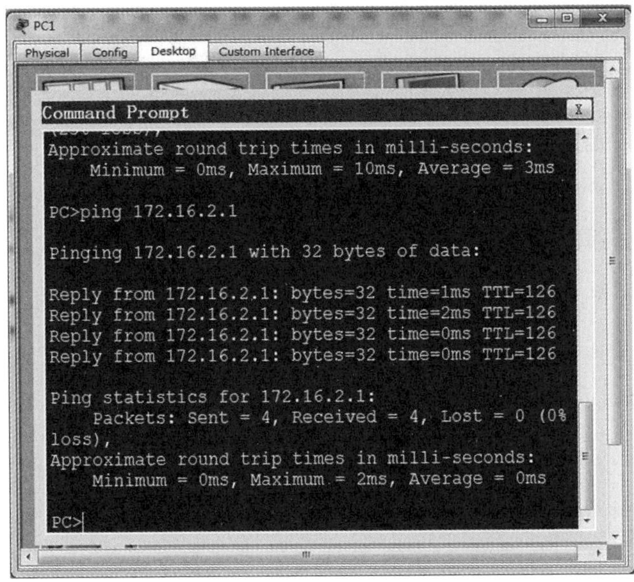

图 7－20 VLAN 20 可以 ping 通 Server 1

6. 思考与分析

(1)标准 ACL 和扩展 ACL 有什么不同?

(2)在图 7－12 中,PC0 可以访问 Server 1 的 WWW 服务吗?

实验三 ACL 控制虚拟终端

ACL 的另一个比较常见的应用就是管理 VTY 接口,也就是虚拟终端连接。由于路由器和交换机等设备一般都是放置在机房的机柜中,且它没有键盘、鼠标、显示器这样的输入/输出设备,所以常见的控制方式就是通过路由器等连接的网络以虚拟终端的方式来连接它。这样可以通过虚拟终端来控制路由器等设备,也可以从 PC 机用 Telnet 来控制路由器等设备。

在默认情况下,网络管理员可以从网络的任何一个位置通过 Telnet 方式控制路由器,但这样做是不安全的。一般的做法是,只有一个或若干网络位置的计算机可以通过 Telnet 控制路由器,其他位置的计算机则不被允许,这就可以利用 ACL 来实现。

1. 实验目的

(1)理解远程登录 Telnet 的含义

(2)理解虚拟终端 VT 的含义

(3)掌握利用 Telnet 登录到交换机的方法

(4)掌握利用 Telnet 登录到路由器的方法

(5)掌握将 ACL 应用到路由器 VTY 的方法

2. 实验内容

(1)搭建一个包含交换机和路由器的小型网络

(2)从 PC 机通过 Telnet 登录交换机

(3)在路由器上创建 ACL,阻止非法用户通过 Telnet 访问路由器

(4)从 PC 机通过 Telnet 登录路由器

3. 实验原理

(1)Telnet

Telnet 协议是 TCP/IP 协议族中的一员,是 Internet 远程登录服务的标准协议和主要方式。它可以从本地计算机登录到远程主机上,实现远程操作和配置主机,对用户来说,就好像在本地操控主机一样。在网络管理中,管理人员通常通过 Telnet 远程管理路由器和交换机等设备。

(2)虚拟终端

VTY 是一个虚拟终端连接,VTY 属于 Telnet 的虚接口,如果想用 Telnet 远程连接管理网络设备,需要提前在远程设备配置 VTY,没有配置 VTY 就无法使用 Telnet,VTY 就是远程登录的接口,即远程用户登录后占用 VTY 进程。

(3)常用命令

与控制虚拟终端相关的命令如表 7-4 所示。

表 7-4 与控制虚拟终端相关的命令

命令	功能及参数含义
line vty number1 number2	进入虚拟终端线路配置,并打开 number1 ~ numer 的线路,方便用户通过 Telnet 登录
password word	为 Telnet 设置登录密码 word
login	允许 Telnet 登录
enable password word	设置进入特权模式后需要输入的密码 word
access - class access - list - number in{out}	将 ACL 应用到 VTY 接口下,并指明方向 注意:将 ACL 应用到接口上 ip access - group, 将 ACL 应用到 VTY 接口用 access - class

4. 实验流程

本次实验分别在交换机和路由器上配置 VTY,并通过 PC 进行 telnet 登录测试,实验流程如图 7-21 所示。

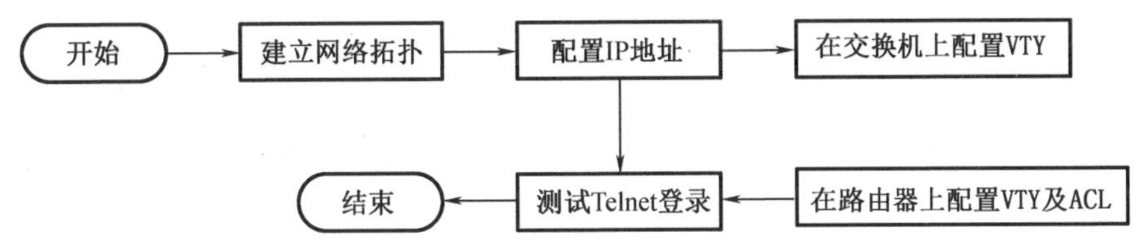

图 7－21　ACL 控制虚拟终端实验流程

5. 实验步骤

(1)建立网络拓扑

为了简单明确,建立如图 7－22 所示的网络拓扑,它包含一个网段 192.168.1.0/24。adim 是网络管理员主机,通过 Telnet 远程管理交换机和路由器。现因安全管理需要,在路由器上创建 ACL,只允许 admin 通过 Telnet 访问路由器。

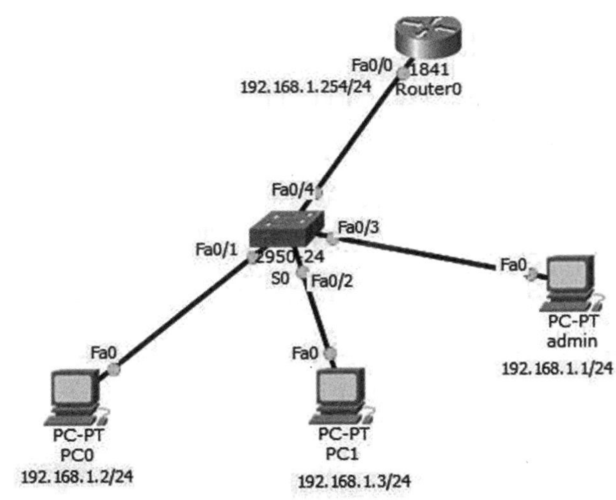

图 7－22　ACL 控制虚拟终端实验拓扑

(2)配置 IP 地址

根据图 7－22 示意进行 IP 地址配置。

(3)在交换机上配置 VTY

交换机接口是没有地址的,因此需要在 VLAN 下设置 IP 地址才能实现 Telnet。配置命令如下:

```
Switch>en
Switch#conf t
Switch(config)#line vty 0 4
            //进入虚拟终端线路配置,0 和 4 分别表示 VTY 第 0 号和第 4 号线路,一共 5 条线路
Switch(config-line)#password 123456        //设置 Telnet 登录密码
Switch(config-line)#login                  //允许登录
Switch(config-line)#exit
```

```
Switch(config)#enable password cisco        //登录交换机后,进入特权模式需输入密码
Switch(config)#int vlan 1
                                            //进入默认的虚拟局域网,设置 IP 地址,便
                                              于 Telnet
Switch(config-if)#ip add 192.168.1.253 255.255.255.0
Switch(config-if)#no shutdown
Switch(config-if)#exit
Switch(config)#exit
Switch#write                                //保存设置
```

(4)在路由器上配置 VTY 及 ACL

完成 IP 地址等基本配置后,创建 ACL,再将 ACL 应用在 f0/0 接口下的 VTY 上,配置如下。

```
Router>en
Router#conf t
Router(config)#int f0/0
Router(config-if)#ip add 192.168.1.254 255.255.255.0
Router(config-if)#no shutdown
Router(config-if)#exit
Router(config)#enable secret cisco
                                    //设置进入路由器特权模式密码,不设置密码则远
                                      程登录后无法进入特权模式,"secret"表示密
                                      码以密文形式存入路由器,而"password"则以
                                      明文形式存入路由器
Router(config)#access-list 1 permit host 192.168.1.1
                                    //创建 ACL,只允许管理员主机 Telnet 路由器
Router(config-if)#line vty 0 4
Router(config-line)#password 123456      //设置 Telnet 登录密码
Router(config-line)#access-class1 in     //将 ACL 应用在 VTY 线路上
Router(config-line)#end
```

(5)测试 Telnet

从管理员主机 Telnet 交换机,可以成功登录,如图 7-23 所示。

从管理员主机 Telnet 路由器,可以成功登录,如图 7-24 所示。

路由器拒绝其他主机 Telnet,如图 7-25 所示。

6. 思考与分析

(1)VTY 接口有何作用?

(2)VTY 和 Telnet 是何关系?

admin
Physical
Config
Desktop
Custom Interface
Command Prompt
Packet Tracer PC Command Line 1.0
PC>telnet 192.168.1.253
Trying 192.168.1.253 ...Open
User Access Verification
Password:
Switch>en
Password:
Switch#

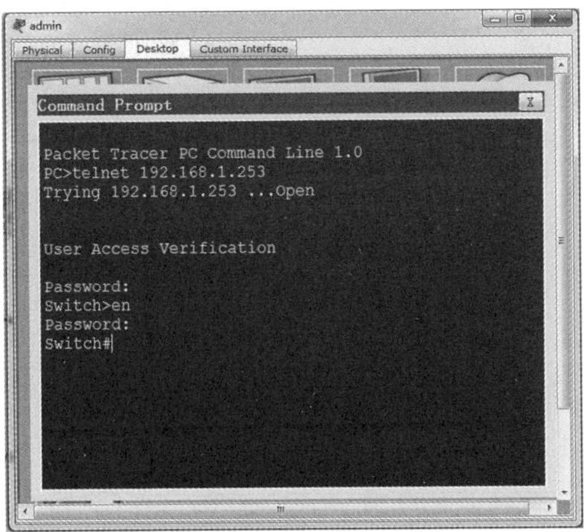

图 7－23　通过管理员主机 Telnet 交换机

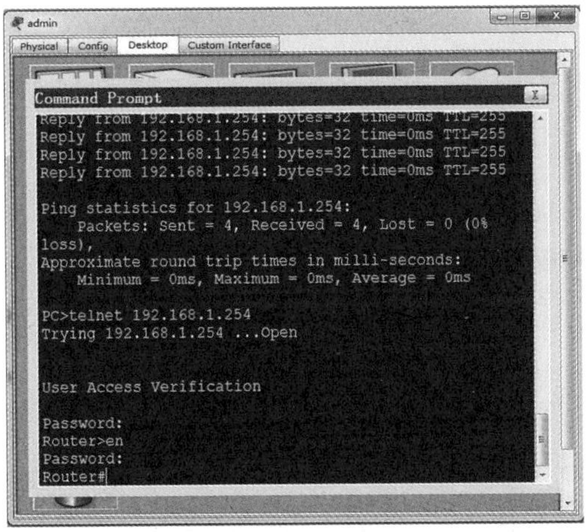

admin
Physical
Config
Desktop
Custom Interface
Command Prompt
Reply from 192.168.1.254: bytes=32 time=0ms TTL=255
Reply from 192.168.1.254: bytes=32 time=0ms TTL=255
Reply from 192.168.1.254: bytes=32 time=0ms TTL=255
Ping statistics for 192.168.1.254:
Packets: Sent = 4, Received = 4, Lost = 0 (0% loss),
Approximate round trip times in milli-seconds:
Minimum = 0ms, Maximum = 0ms, Average = 0ms
PC>telnet 192.168.1.254
Trying 192.168.1.254 ...Open
User Access Verification
Password:
Router>en
Password:
Router#

图 7－24　管理员主机成功 Telnet 路由器

PC1
Physical
Config
Desktop
Custom Interface
Command Prompt
Packet Tracer PC Command Line 1.0
PC>telnet 192.168.1.254
Trying 192.168.1.254 ...
% Connection refused by remote host
PC>

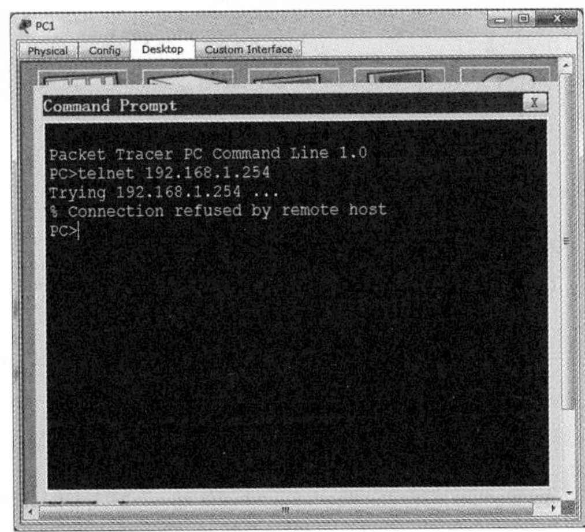

图 7－25　PC1 Telnet 路由器被拒绝

第八章　网络地址转换 NAT

网络地址转换(Network Address Translation,NAT)是由于互联网真实 IP 地址不足,互联网组织采用的一种临时解决地址紧张问题的方案。本章将在介绍 NAT 原理的基础上,通过实验来介绍三种 NAT 技术的实现。

实验一　静态 NAT 及其应用

1. 实验目的

(1)理解 NAT 的含义

(2)理解静态 NAT 的优缺点

(3)掌握静态 NAT 的配置及应用

2. 实验内容

(1)搭建一个包含内部网络和外部网络的网络

(2)在内部网络的出口路由器上配置静态 NAT

(3)验证静态 NAT 的效果

(4)分析 NAT 相关的四个地址

3. 实验原理

(1)NAT 技术产生的原因

随着互联网规模的不断扩大,越来越多的主机希望连上互联网,IPv4 地址面临枯竭的窘境。于是互联网组织制定了 RFC1918 文档,建议局域网内主机不再使用互联网真实 IP 地址,而是使用某些特定范围的 IP 地址,这些地址被称为私有 IP 地址,包括如下三类:

- A 类 IP 地址块:10.0.0.0/8
- B 类 IP 地址块:172.16.0.0/12
- C 类 IP 地址块:192.168.0.0/16

这些地址只能用于一个机构的内部通信,而不能用于和互联网上的主机通信。显然,全世界可能有很多的专用互联网在使用相同的 IP 地址,这样可以极大地节省 IP 地址。但另一方面,使用私用 IP 地址的主机也有上网的需求。于是,1994 年 NAT 技术被提出,这种方法需要在专用网连接到互联网的路由器上安装 NAT 软件。装有 NAT 软件的路由器叫做 NAT 路由器,它至少有一个外部全球 IP 地址,当本地主机需要和外界通信时,其本地地址被

NAT 路由器转换成外部全球 IP 地址，以此与外界主机通信。

(2)NAT 的优缺点

NAT 技术是一种在网络中广泛使用的技术，几乎所有的内部网和互联网接口处都会有 NAT 技术在使用，因此，了解 NAT 技术的优缺点对用好 NAT 至关重要。

①NAT 的优点

- 为节省公有 IP 地址提供了技术支持
- 在外部用户面前隐藏了内部网络结构，提高了其安全性
- 解决了地址重复问题

②NAT 的缺点

- NAT 的操作比较消耗设备资源，可能增加网络延时
- 不能 ping 或者 trace 采用了 NAT 技术的路由器里面的网段
- 某些应用可能无法穿过 NAT

(3)NAT 的四种地址

NAT 转换处理过程与四个地址有关，他们分别是：

内部本地地址(inside local address)：一个企业或机构内部主机使用的 IP 地址，通常是 RFC1918 规定的私有地址。

内部全局地址(inside global address)：设置在路由器等互联网接口设备上，用来代替一个或者多个私有 IP 地址的公有地址，通常是全球真实 IP 地址。

外部本地地址(outside local address)：外部主机为了访问内网主机而使用的地址(通常是为了满足内网的安全需求)，它通常不是一个公网 IP 地址。

外部全局地址(outside global address)：外部主机使用的全球 IP 地址。

为了让读者弄清楚这几个名词的区别，下面用一个简单的例子进行说明：

inside：代表自己，outside：代表别人，local：代表自己家，global：代表外面。

内部本地地址：好比自己在家里穿的拖鞋，只有自己用，别人不会用，自己也不会穿到外面去。

内部全局地址：好比自己出门时穿的皮鞋，只有自己用，且一定出门时才穿，在家不用。

外部本地地址：好比家里给客人来访是准备的拖鞋，不会在外面用，而且自己不会有，专门给客人用的。

外部全局地址：别人的皮鞋，不会出现在自己家里，也不会是自己穿的。

(4)NAT 技术分类

①静态 NAT：把内部网络中的每个主机地址永久映射成外部网络中的某个合法地址，是一对一的转换。如果内部网络有对外提供服务的需求，如 WWW 服务器、E－mail 服务器等，那么这些服务器的 IP 地址应该采用静态转换，以便外部用户可以使用这些服务。静态转换不能节省 IP 地址。

②动态 NAT：把外部网络中的一系列公网地址采用动态分配的方法映射到内部网络，从外部地址池中选择一个未使用的地址与内部专用地址进行转换。

③PAT：是基于端口的地址转换(port address translation)，把内部地址映射到一个外部公网地址的不同端口上，它也属于一种动态地址转换，适用于只申请到少量 IP 地址的情况。

(5)常用配置命令

静态 NAT 常用命令见表 8－1。

表 8－1　静态 NAT 常用命令

命令	功能及参数含义
ip nat inside/outside	进入接口配置模式,声明 NAT 的内网接口或外部接口
ip nat inside source static local－ip global－ip	静态 NAT 转换,将内网 local－ip 转换为公网 global－ip
ip nat outside source static global－ip local－ip	静态 NAT 转换,将公网 global－ip 转换为内网 local－ip
show ip nat translations	查看 NAT 转换表
debug ip nat	进入调试状态,查看 NAT 转换的详细过程信息

(6)静态 NAT 的配置步骤

①在连接内部网络的接口上声明该接口是 NAT 转换的内部网络

②在连接内部网络的接口上声明该接口是 NAT 转换的外部网络

③定义内部私有地址和外部公网 IP 地址的映射关系

4. 实验流程

静态 NAT 实验流程如图 8－1 所示。

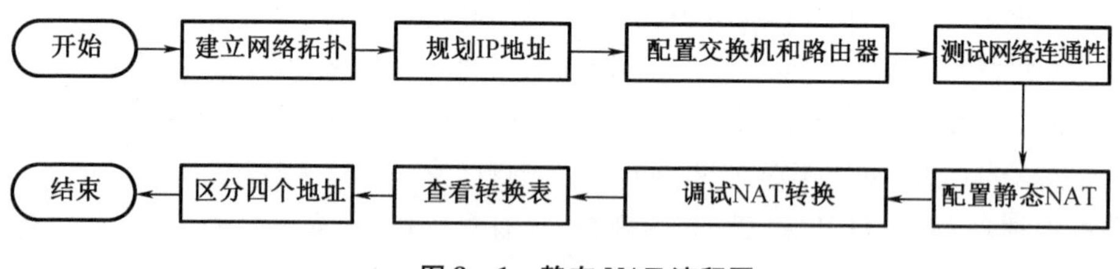

图 8－1　静态 NAT 流程图

5. 实验步骤

(1)建立网络拓扑

建立如图 8－2 所示的网络拓扑结构,NAT 是某公司的出口路由器,ISP 是公网路由器。公司内部划分为 4 个网段,VLAN 10、VLAN 20、VLAN 30 和 VLAN 100。其中 VLAN 10 和 VLAN 20 访问外网时被转换成 202.96.1.0/24 的公网地址,服务器 Server 0 的 IP 地址也被转换成 202.96.1.0/24 的公网地址。

现要求使用静态 NAT 的方式,将 PC0、PC1 和 Server 0 访问外网时的 IP 地址分别转换为 202.96.1.3、202.96.1.4、202.96.1.254。

(2)规划 IP 地址

根据图 8－2,规划如表 8－2 所示的网络 IP 地址。

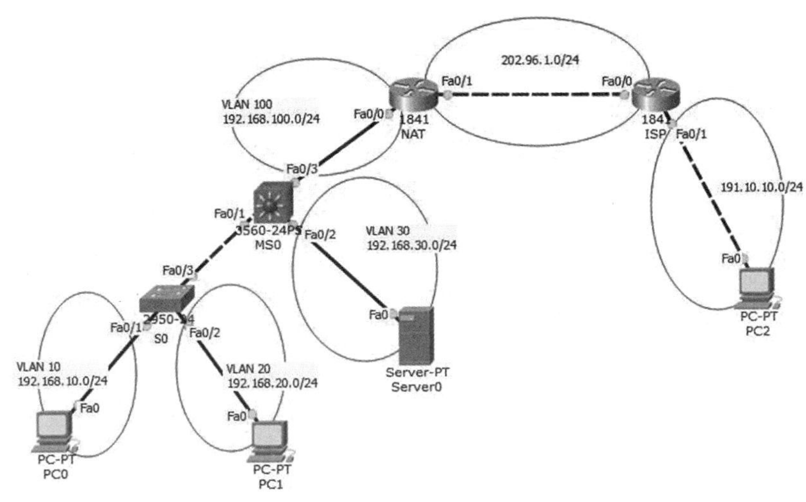

图 8－2　静态 NAT 实验拓扑

表 8－2　IP 地址规划

设备	端口	VLAN	IP 地址	默认网关
路由器 NAT	f0/0	—	192.168.100.2/24	—
	f0/1	—	202.96.1.1/24	—
路由器 ISP	f0/0	—	202.96.1.1.2/24	—
	f0/1	—	191.10.10.254/24	—
三层交换机 MS0	f0/1	trunk	—	—
	f0/2	30	—	—
	f0/3	100	—	—
	VLAN 10	10	192.168.10.254/24	—
	VLAN 20	20	192.168.20.254/24	—
	VLAN 30	30	192.168.30.254/24	—
	VLAN 100	100	192.168.100.254/24	—
二层交换机 S0	f0/1	10	—	—
	f0/2	20	—	—
	f0/3	trunk	—	—
PC0	f0	10	192.168.10.1/24	192.168.10.254
PC1	f0	20	192.168.20.1/24	192.168.20.254
PC2	f0	—	191.10.10.1/24	191.10.10.254
Server 0	f0	30	192.168.30.1/24	192.168.30.254

(3)配置交换机和路由器

二层交换机 S0 的配置任务主要是创建 VLAN，配置命令如下：

```
Switch>en
Switch#conf t
Switch(config)#hostname S0
S0(config)#vlan 10
S0(config-vlan)#vlan 20
S0(config-vlan)#exit
S0(config)#int f0/1
S0(config-if)#switchport mode access
S0(config-if)#switchport access vlan 10
S0(config-if)#int f0/2
S0(config-if)#switchport mode access
S0(config-if)#switchport access vlan 20
S0(config-if)#int f0/3
S0(config-if)#switchport trunk encapsulation dot1q
S0(config-if)#switchport mode trunk
```

三层交换机 MS0 的配置任务主要包括创建 VLAN、配置 VLAN 网关地址、配置路由协议等，配置命令如下：

```
Switch>en
Switch#conf t
Switch(config)#hostname MS0
MS0(config)#vlan 10
MS0(config-vlan)#vlan 20
MS0(config-vlan)#vlan 30
MS0(config-vlan)#vlan 100
MS0(config-vlan)#exit
MS0(config)#int f0/1
MS0(config-if)#switchport trunk encapsulation dot1q
MS0(config-if)#switchport mode trunk
MS0(config-if)#int f0/2
MS0(config-if)#switchport access vlan 30
MS0(config-if)#int f0/3
MS0(config-if)#switchport access vlan 100
MS0(config-if)#exit
MS0(config)#int vlan 10
MS0(config-if)#ip add 192.168.10.254 255.255.255.0
MS0(config-if)#int vlan 20
MS0(config-if)#ip add 192.168.20.254 255.255.255.0
MS0(config-if)#int vlan 30
MS0(config-if)#ip add 192.168.30.254 255.255.255.0
MS0(config-if)#int vlan 100
```

```
    MS0(config-if)#ip add 192.168.100.254 255.255.255.0
    MS0(config-if)#exit
    MS0(config)#ip routing
    MS0(config)#router ospf 10
    MS0(config-router)#router-id 2.2.2.2
    MS0(config-router)#network 192.168.10.0 0.0.0.255 area 0
    MS0(config-router)#network 192.168.20.0 0.0.0.255 area 0
    MS0(config-router)#network 192.168.30.0 0.0.0.255 area 0
    MS0(config-router)#network 192.168.100.0 0.0.0.255 area 0MS0(config-
router)#exit
```

路由器 NAT 的配置任务主要包括配置接口 IP 地址、配置路由协议,配置命令如下:

```
    Router>en
    Router#conf t
    Router(config)#hostname NAT
    NAT(config)#int f0/0
    NAT(config-if)#ip add 192.168.100.2 255.255.255.0
    NAT(config-if)#no shutdown
    NAT(config-if)#int f0/1
    NAT(config-if)#ip add 202.96.1.1 255.255.255.0
    NAT(config-if)#no shutdown
    NAT(config-if)#exit
    NAT(config)#router ospf 10
    NAT(config-router)#router-id 1.1.1.1
    NAT(config-router)#network 192.168.100.0 0.0.0.255 area 0
    NAT(config-router)#network 202.96.1.0 0.0.0.255 area 0NAT(config-router)#
exit
```

路由器 ISP 的配置任务主要包括配置接口 IP 地址、配置路由协议,配置命令如下:

```
    Router>en
    Router#conf t
    Router(config)#hostname ISP
    ISP(config)#int f0/0
    ISP(config-if)#ip add 202.96.1.2 255.255.255.0
    ISP(config-if)#no shutdown
    ISP(config-if)#int f0/1
    ISP(config-if)#ip add 191.10.10.254 255.255.255.0
    ISP(config-if)#no shutdown
    ISP(config)#router ospf 10
    ISP(config-router)#router-id 3.3.3.3
    ISP(config-router)#network 202.96.1.0 0.0.0.255 area 0
    ISP(config-router)#network 191.10.10.0 0.0.0.255 area 0ISP(config-router)#
exit
```

(4)测试网络连通性

经过上述配置后,网络可以全部 ping 通。图 8 -3 展示了 PC0 ping PC2 的结果,图 8 -4 展示了 PC2 ping Server 0 的结果。

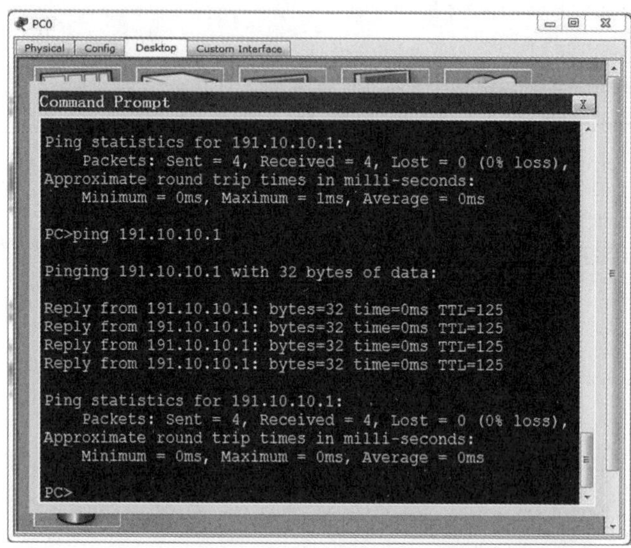

图 8 -3　PC0 可以 ping 通 PC2

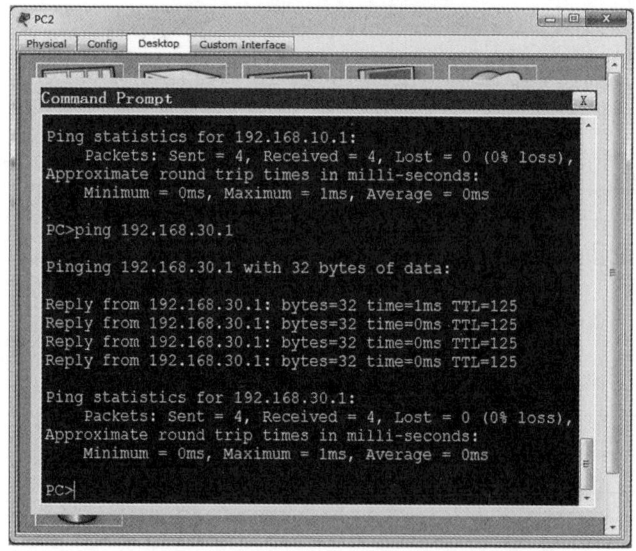

图 8 -4　PC2 ping 通 Server 0

(5)配置静态 NAT

在 NAT 路由器上配置静态 NAT,配置命令如下:

```
NAT>en
NAT#conf t
NAT(config)#int f0/0
NAT(config-if)#ip nat inside            //声明 f0/0 为内网接口
NAT(config-if)#int f0/1
NAT(config-if)#ip nat outside           //声明 f0/1 为外网接口
NAT(config-if)#exit
NAT(config)#ip nat inside source static 192.168.10.1 202.96.1.3
                                        //为 PC0 定义一个静态转换的公网地址
NAT(config)#ip nat inside source static 192.168.20.1 202.96.1.4
                                        //为 PC1 定义一个静态转换的公网地址
NAT(config)#ip nat inside source static 192.168.30.1 202.96.1.254
                                        //为 Server0 定义一个静态转换的公网地址
NAT(config)#exit
```

(6)调式 NAT 转换

先在 NAT 特权模式下输入命令“debug ip nat”,然后从 PC0 去 ping PC2,再切回到 NAT 的 CLI 窗口,可以跟踪查看地址转换过程,如图 8-5 所示,从中可以看到四条“NAT”和“NAT＊”组成的输出语句,它们与执行 ping 操作发出的4个ICMP 包对应,“NAT”开头的语句展示了 ICMP 请求包由源地址 192.168.10.1 被转换成 202.96.1.3,到达目的地址为 191.10.10.1 的过程,“NAT＊”开头的语句则展示了 ICMP 应答包从 191.10.10.1 出发,目的地址由 202.96.1.3 转换为 192.168.10.1 的过程。可以使用“no debug ip nat”停止 NAT 不停输出调试信息。

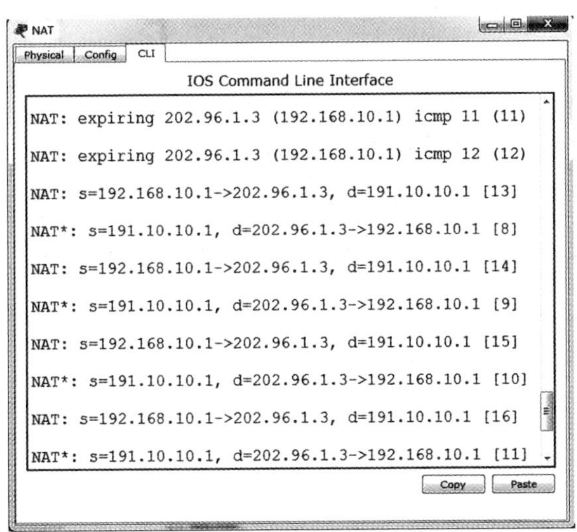

图 8-5　调试 NAT 转换

(7)查看转换表

从 PC0 ping PC2,然后在 NAT 中输入“show ip nat translations”,可以查看 NAT 转换表,

如图 8－6 所示。

```
NAT#show ip nat translations
Pro  Inside global      Inside local        Outside local       Outside global
icmp 202.96.1.3:21      192.168.10.1:21     191.10.10.1:21      191.10.10.1:21
icmp 202.96.1.3:22      192.168.10.1:22     191.10.10.1:22      191.10.10.1:22
icmp 202.96.1.3:23      192.168.10.1:23     191.10.10.1:23      191.10.10.1:23
icmp 202.96.1.3:24      192.168.10.1:24     191.10.10.1:24      191.10.10.1:24
---  202.96.1.254       192.168.30.1        ---                 ---
---  202.96.1.3         192.168.10.1        ---                 ---
---  202.96.1.4         192.168.20.1        ---                 ---
```

图 8－6　查看转换表

从图 8－6 中可以看到，内网主机 PC0 的源地址 192.168.10.1 就是 inside local address，与之转换映射的公网地址 202.96.1.3 就是 inside global address，外网公网地址 191.10.10.1 就是 outside global address，因为 191.10.10.1 通过 NAT 时仍然以此 IP 地址访问内网服务，所以它也是 outside local address。在大多数情况下，outside global address 和 outside local address 是同一个地址。下面通过一个例子展示二者不一样的情况。

（8）区分四个地址

假设在图 8－2 中，外网主机 PC2 需要访问内网服务器 Server 0，但由于企业内部的安全需要，比如：IP 地址审查，不允许公网 IP 地址出现在内部私有网络，要求将公网 IP 地址 191.10.10.1 转换成内网 IP 地址 192.168.100.100 来访问内网 Server 0。同时，一个公网 IP 主动去访问内网 IP 是不行的，所以外网主机在访问内网 Server 0 时，必须访问内网 Server 0 所映射的公网 IP 地址 202.96.1.254。

为此，可以在保留原来 NAT 路由器配置不变的情况下，做如下补充：

```
NAT(config)#ip nat outside source static 191.10.10.1 192.168.100.100
                                  //为外网主机访问内网时静态映射一个内网地址
```

这样，当外网主机 191.10.1.0.1 去 ping 公网 IP 202.96.1.254（实际是 ping 内网服务器 Server 0），经过 NAT 路由器时，源 IP 地址被改为内网 IP 192.168.100.100，目的地址被改为内网 IP 192.168.30.1。从 PC2 去 ping 202.96.1.254，然后在 NAT 路由器查看路由表，结果如图 8－7 所示。

```
NAT#show ip nat translations
Pro  Inside global      Inside local        Outside local        Outside global
icmp 202.96.1.254:25    192.168.30.1:25     192.168.100.100:25   191.10.10.1:25
icmp 202.96.1.254:26    192.168.30.1:26     192.168.100.100:26   191.10.10.1:26
icmp 202.96.1.254:27    192.168.30.1:27     192.168.100.100:27   191.10.10.1:27
icmp 202.96.1.254:28    192.168.30.1:28     192.168.100.100:28   191.10.10.1:28
---  202.96.1.254       192.168.30.1        ---                  ---
---  202.96.1.3         192.168.10.1        ---                  ---
---  202.96.1.4         192.168.20.1        ---                  ---
---  ---                ---                 192.168.100.100      191.10.10.1
```

图 8－7　四个地址都不同的转换表

从中可以看到，四个地址都不一样了。outside global address 是外网主机的公网 IP 地址

191.10.10.1，outside local address 是外网主机被转换、用来访问内网的内网 IP 地址 192.168.100.100，二者是不同的。与此同时，inside local address 是真正的目标主机 Server 0 的 IP 地址 192.168.30.1，而 inside global address 就是其对外映射的公网 IP 202.96.1.254，二者也不一样。

到这里，读者可能已经发现上述步骤中，PC2 ping 不通 202.96.1.254，这是为什么呢？

这就要从 ping 的原理去找原因。PC2 发出 ping 操作后，实际上是发出 ICMP 请求包，目的主机收到后，要发出 ICMP 应答包，主机收到 ICMP 应答包，才算 ping 通。而这里 PC2 ping 不通 202.96.1.254 恰恰就是因为 PC2 没收到实际目的主机 Server 0 的应答包。原因在于：PC2 的主机访问 Server 0，经过 NAT 路由器时，源地址被改为 192.168.100.100，而当 Server 0 应答时，目的地址就变为 192.168.100.100，这个地址属于内网地址，不会路由到 PC2，所以 PC2 收不到应答包。

为了弄清楚这个过程，大家可以在仿真模式下仔细观察。从实时模式切换到仿真模式，在 PC2 上 ping 202.96.1.254，然后按"Capture / Forward"按钮单步执行，可以清楚地看到 ICMP 请求包从 PC2 出发，经过了 NAT 路由到达了 Server 0，但 ICMP 应答包从 Server 0 出发后，却没能经过 NAT 路由器到达 PC2，所以 ping 不通。

所以问题的根源在于 ICMP 的应答包目的地址是 192.168.100.100，属于内网 IP，无法通过路由到达 PC2。为了解决这个问题，可以在 NAT 上定义一个静态路由，使得 ICMP 响应包可以通过路由返回 PC2。这个静态路由定义如下：

```
NAT(config)#ip route 192.168.100.100 255.255.255.255 f0/1
```

配置这个静态路由后，就可以 ping 通了，如图 8 - 8 所示。

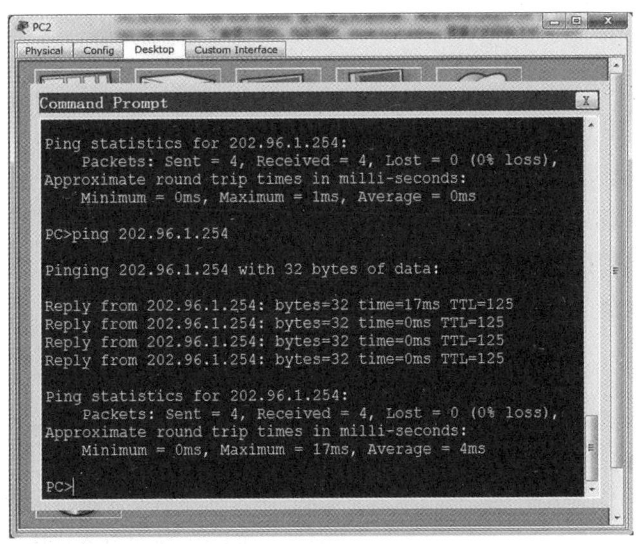

图 8 - 8　PC2 ping 通 202.96.1.254

6. 思考与分析

(1)一个拥有公网 IP 地址的主机可以主动访问一个内网主机吗？

(2)静态 NAT 技术是否节省了 IP 地址?

(3)NAT 技术对路由器的性能有何影响?

实验二　动态 NAT 及其应用

虽然静态 NAT 通过内部地址到公网地址一对一的转换,满足了内网主机上网的需求,但它并不能节省 IP 地址。动态 NAT 可以实现多对多的映射,能够节省 IP 地址,实际应用较多。

1. 实验目的

(1)理解动态 NAT 的优缺点

(2)掌握动态 NAT 的配置及应用

2. 实验内容

(1)搭建一个包含内部网络和外部网络的网络

(2)在内部网络的出口路由器上配置动态 NAT

(3)验证动态 NAT 的效果

3. 实验原理

(1)动态 NAT 配置步骤

①声明内网接口

②声明外网接口

③设计标准的 IP 访问控制列表,规定哪些 IP 可以被转换

④定义 NAT 地址池

⑤将 IP 访问控制列表映射到 NAT 地址池

(2)动态 NAT 常用命令

动态 NAT 常用命令如表 8-3 所示。

表 8-3　动态 NAT 常用命令

命令	功能及参数含义
ip nat pool pool-name start-ip end-ip netmask mask	定义一个公有地址池,pool-name 是地址池的名字,start-ip 和 end-ip 分别表示地址池的起始地址和结束地址,mask 是子网掩码
ip nat inside source list access-list-number pool pool-name	将 ACL 映射到 NAT 地址池
show ip nat statistics	查看 NAT 统计信息

表 8-3(续)

命令	功能及参数含义
no ip nat inside source static local-ip global-ip	取消之前配置的静态 NAT 转换
clear ip nat translation *	清除 NAT 转换表,但不删除静态 NAT 记录

4. 实验流程

本次实验的流程如图 8-9 所示。

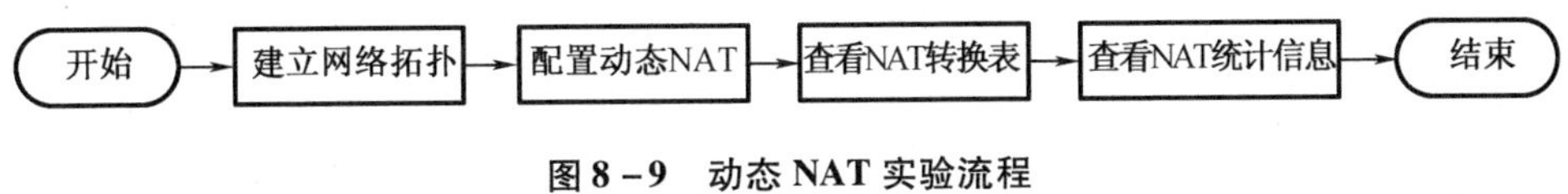

图 8-9　动态 NAT 实验流程

5. 实验步骤

(1)建立网络拓扑

本次实验仍然采用图 8-1 所示网络拓扑,不过 VLAN 10 和 VLAN 20 的地址转换改为动态 NAT,VLAN 30 仍然采用静态 NAT。各网络设备的 IP 地址和路由配置保持不变。

(2)配置动态 NAT

```
NAT>en
NAT#conf t
NAT(config)#int f0/0
NAT(config-if)#ip nat inside
NAT(config-if)#int f0/1
NAT(config-if)#ip nat outside
NAT(config-if)#exit
NAT(config)#access-list 1 permit 192.168.10.0 0.0.0.255
NAT(config)#access-list 1 permit 192.168.20.0 0.0.0.255
NAT(config)#access-list 1 permit 192.168.30.0 0.0.0.255
                                        //配置标准 ACL,定义可被转换的内网 IP
NAT(config)#ip nat pool company_nat_pool 202.96.1.3 202.96.1.253 netmask 255.
255.255.0                               //定义公网地址池
NAT(config)#ip nat inside source static 192.168.30.1 202.96.1.254
                                        //静态 NAT
NAT(config)#ip nat inside source list 1 pool company_nat_pool
                                        //将地址池与 ACL 关联起来
```

注意:如果要在静态实验基础上修改,使用 no 命令取消 PC0 和 PC1 的静态映射即可。

(3)查看 NAT 转换表

为了查看得更清晰,可以先清除 NAT 转换表。分别从 PC0、PC1 和 Server 0 去 ping PC2,然后再到 NAT 路由器查看 NAT 转换表,结果如图 8 – 10 所示。

```
NAT#show ip nat translations
Pro  Inside global      Inside local       Outside local      Outside global
icmp 202.96.1.254:5     192.168.30.1:5     191.10.10.1:5      191.10.10.1:5
icmp 202.96.1.254:6     192.168.30.1:6     191.10.10.1:6      191.10.10.1:6
icmp 202.96.1.254:7     192.168.30.1:7     191.10.10.1:7      191.10.10.1:7
icmp 202.96.1.254:8     192.168.30.1:8     191.10.10.1:8      191.10.10.1:8
icmp 202.96.1.5:13      192.168.10.1:13    191.10.10.1:13     191.10.10.1:13
icmp 202.96.1.5:14      192.168.10.1:14    191.10.10.1:14     191.10.10.1:14
icmp 202.96.1.5:15      192.168.10.1:15    191.10.10.1:15     191.10.10.1:15
icmp 202.96.1.5:16      192.168.10.1:16    191.10.10.1:16     191.10.10.1:16
icmp 202.96.1.6:10      192.168.20.1:10    191.10.10.1:10     191.10.10.1:10
icmp 202.96.1.6:11      192.168.20.1:11    191.10.10.1:11     191.10.10.1:11
icmp 202.96.1.6:12      192.168.20.1:12    191.10.10.1:12     191.10.10.1:12
icmp 202.96.1.6:9       192.168.20.1:9     191.10.10.1:9      191.10.10.1:9
---  202.96.1.254       192.168.30.1       ---                ---
```

图 8 – 10　动态 NAT 转换表

从图 8 – 10 中可以看到,PC0 的内网地址被转换成 202.96.1.5,而 PC1 的内网地址被转换成 202.96.1.6,而 Server 0 的地址仍然被转换成 202.96.1.254。需要说明的是,VLAN 10 和 VLAN 20 中的主机,在不同时刻进行 ping 操作,被转换的公网地址是不一样的,这也体现了内网地址与公网地址池之间的动态映射关系。

(4)查看 NAT 统计信息

分别从 PC0、PC1 和 Server 0 去 ping PC2,然后再 NAT 路由器查看 NAT 统计信息,如图 8 – 11 所示。从中可以看到,一共转换了 13 次,1 次静态,12 次动态,统计信息列出内网和外网接口,地址池及其范围,地址池中地址数量以及已经映射的 IP 地址。

```
NAT#show ip nat statistics
Total translations: 13 (1 static, 12 dynamic, 12 extended)
Outside Interfaces: FastEthernet0/1
Inside Interfaces: FastEthernet0/0
Hits: 41  Misses: 48
Expired translations: 36
Dynamic mappings:
-- Inside Source
access-list 1 pool company_nat_pool refCount 8
 pool company_nat_pool: netmask 255.255.255.0
       start 202.96.1.3 end 202.96.1.253
       type generic, total addresses 251 , allocated 2 (0%), misses 0
NAT#
```

图 8 – 11　动态 NAT 的统计信息

6. 思考与分析

(1)动态 NAT 有何不足?

(2)NAT 对数据包的转换是在哪一层?

实验三　PAT 及其应用

动态 NAT 虽然实现了多对多的地址映射，但当地址池的地址不是很多的时候，NAT 的过程会因为地址池中地址的匮乏而变慢，所以动态 NAT 的应用场景并不是很广泛，更广泛的是基于端口的 NAT，即 PAT。

1. 实验目的

(1)理解 PAT 的含义
(2)理解 overload 的含义
(3)掌握 PAT 的配置及应用

2. 实验内容

(1)搭建一个包含内部网络和外部网络的网络
(2)在内部网络的出口路由器上配置 PAT
(3)验证动态 PAT 的效果

3. 实验原理

(1)PAT 配置步骤
①声明内网接口；
②声明外网接口；
③设计标准的 IP 访问控制列表，规定哪些 IP 可以被转换；
④定义 NAT 地址池［可选］；
⑤将 IP 访问控制列表映射到 NAT 地址池或接口。
(2)常用命令
PAT 常用命令如表 8－4 所示。

表 8－4　PAT 常用命令

命令	功能及参数含义
ip nat inside source list access－list－number pool pool－name overload	将 ACL 映射到 NAT 地址池，并启用端口复用
ip nat inside source list access－list－number interface type/number overload	将 ACL 映射到某一外网接口，并启用端口复用

4. 实验流程

本次实验的流程如图 8－12 所示。

图 8－12　PAT 流程图

5. 实验步骤

(1)建立网络拓扑

本次实验仍然采用图 8－2 所示的网络结构,但 VLAN 10 和 VLAN 20 的地址转换改为 PAT,VLAN 30 仍然采用静态 NAT。各网络设备的 IP 地址和路由配置保持不变。

(2)配置 PAT

```
NAT>en
NAT#conf t
NAT(config)#int f0/0
NAT(config-if)#ip nat inside
NAT(config-if)#int f0/1
NAT(config-if)#ip nat outside
NAT(config-if)#exit
NAT(config)#ip nat inside source static 192.168.30.1 202.96.1.254
                                        //服务器仍然采用静态 NAT
NAT(config)#access-list 1 permit 192.168.10.0 0.0.0.255
NAT(config)#access-list 1 permit 192.168.20.0 0.0.0.255
                                        //配置标准 ACL,定义可被转换的内网 IP
NAT(config)#ip nat pool company_pat 202.96.1.3 202.96.1.253 netmask 255.255.
255.0                                   //定义公网地址池
NAT(config)#ip nat inside source list 1 pool company_pat overload
                                        //将地址池与 ACL 关联起来,并启用端口复用
NAT(config)#exit
```

(3)查看 NAT 转换表

分别从 PC0、PC1 和 Server 0 去 ping PC2,然后在 NAT 路由器上查看转换记录如下,结果如图 8－13 所示。

从图 8－13 中可以看到,服务器仍然是静态转换,而 PC0 和 PC1 映射的是同一地址,都是 202.96.1.3,但端口号不同。

如果主机的数量不是很多,可以直接使用 outside 接口地址配置 PAT,不必定义地址池,命令如下:

```
R1(config)#ip nat inside source list 1 interfacef0/1 overload
                  //将内网地址映射到外网接口 f0/1 上(同一个 IP),并通过端口来区分
```

```
NAT#show ip nat translations
Pro  Inside global      Inside local       Outside local      Outside global
icmp 202.96.1.254:1     192.168.30.1:1     191.10.10.1:1      191.10.10.1:1
icmp 202.96.1.254:2     192.168.30.1:2     191.10.10.1:2      191.10.10.1:2
icmp 202.96.1.254:3     192.168.30.1:3     191.10.10.1:3      191.10.10.1:3
icmp 202.96.1.254:4     192.168.30.1:4     191.10.10.1:4      191.10.10.1:4
icmp 202.96.1.3:1024    192.168.20.1:5     191.10.10.1:5      191.10.10.1:1024
icmp 202.96.1.3:1025    192.168.20.1:6     191.10.10.1:6      191.10.10.1:1025
icmp 202.96.1.3:1026    192.168.20.1:7     191.10.10.1:7      191.10.10.1:1026
icmp 202.96.1.3:1027    192.168.20.1:8     191.10.10.1:8      191.10.10.1:1027
icmp 202.96.1.3:5       192.168.10.1:5     191.10.10.1:5      191.10.10.1:5
icmp 202.96.1.3:6       192.168.10.1:6     191.10.10.1:6      191.10.10.1:6
icmp 202.96.1.3:7       192.168.10.1:7     191.10.10.1:7      191.10.10.1:7
icmp 202.96.1.3:8       192.168.10.1:8     191.10.10.1:8      191.10.10.1:8
---  202.96.1.254       192.168.30.1       ---                ---

NAT#
```

图 8－13　采用端口映射的 NAT 转换表

6. 思考与分析

(1) PAT 与动态 NAT 相比，优势在什么地方？

(2) PAT 的端口范围是什么？

第九章　动态主机配置协议 DHCP

动态主机配置协议(Dynamic Configuration Protocol,DHCP)通常被应用在局域网环境中,由服务器控制一段 IP 地址范围,对 DHCP 客户机进行集中的管理、分配 IP 地址,使客户机动态地获得 IP 地址、网关地址和 DNS 服务器地址等网络参数。本章将通过实验来实现局域网网段主机的 IP 地址自动配置,从而掌握 DHCP 服务的配置方法。

1. 实验目的

(1)理解动态主机配置协议的含义和作用

(2)掌握 DHCP 服务的配置

2. 实验内容

(1)建立一个包含内网和外网的网络

(2)对内网划分 VLAN

(3)配置网络路由

(4)配置 DHCP 服务为内网主机自动分配 IP 地址

3. 实验原理

(1)DHCP 简介

DHCP 是由 IETF(因特网工作任务小组)开发设计的,于 1993 年 10 月成为标准协议,其前身是 BOOTP 协议。当前的 DHCP 定义在 RFC2131 中,而基于 IPv6 的建议标准(DHCPv6)则定义在 RFC3315 中。

DHCP 有以下作用:

- 减轻网络管理人员的负担;
- 提升 IP 地址的使用率;
- 可以和其他(如静态分配)的地址共存。

(2)DHCP 的 IP 分配方式

在 DHCP 的工作原理中,DHCP 服务器提供了 3 种 IP 地址分配方法,即自动分配、手动分配和动态分配。

- 自动分配:当 DHCP 客户机第一次成功地从 DHCP 服务器获得一个 IP 地址后,就可以永久使用这个地址。
- 手动分配:有 DHCP 服务器管理员专门指定的地址。
- 动态分配:客户机获得一个 IP 地址后,并非永久持有,每次用完后,DHCP 就释放这个 IP 地址,可以再分配给其他客户机使用。

(3)常用命令

DHCP 服务器的常用命令见表 9-1。

表 9-1 DHCP 服务器的常用命令

命令	功能及参数含义
iphelper - address ip - address	一是配置 DHCP 服务器的 IP 地址 ip - address;二是启动接口的 DHCP 中继功能
noswitchport	关闭交换机二层接口,启用三层接口,相当于启用一个路由器接口

4. 实验流程

本次实验通过中继 DHCP 服务为终端主机提供自动 IP 地址获取功能,实验的流程如图 9-1 所示。

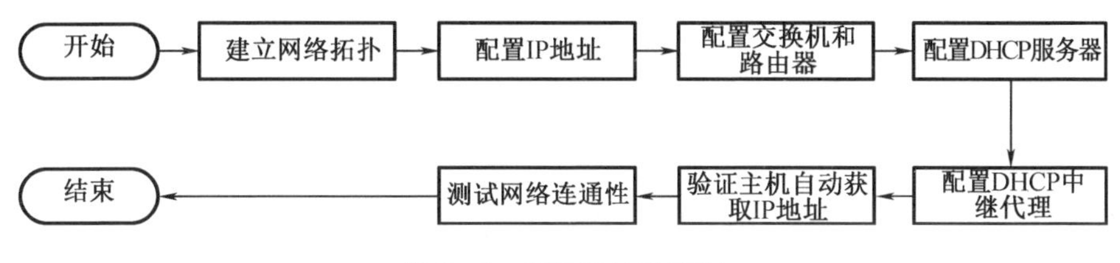

图 9-1 DHCP 实验流程

5. 实验步骤

(1)建立网络拓扑

建立如图 9-2 所示的网络拓扑,某单位有三个部门,被划分为 VLAN 10 ~ VLAN 30,通过 DHCP 协议自动获取 IP 地址;有两台服务器 DHCP Server 和 DNS Server,IP 地址静态分配,DHCP Server 提供 DHCP 服务,为 VLAN 10 ~ VLAN 30 工作主机提供 IP 地址;三层交换机 MS0 充当路由器功能,与外网路由器 R0 连接。

(2)配置 IP 地址

对图 9-2 所示网络设计如表 9-2 所示的 IP 地址。

表 9-2 DHCP 实验 IP 地址规划

设备	端口	VLAN	IP 地址	默认网关
路由器 R0	g0/0	—	200.100.10.2/24	—
	s0/3/0	—	202.96.1.1/24	—
路由器 R1	g0/0	—	172.16.1.254/24	—
	s0/3/0	—	202.96.1.2/24	—

表 9-2(续)

设备	端口	VLAN	IP 地址	默认网关
三层交换机 MS0	f0/1	trunk	—	—
	f0/2	trunk	—	—
三层交换机 MS0	f0/3	trunk	—	—
	f0/4	40	—	—
	f0/5	40	—	—
	f0/6	—	200.100.10.1/24	—
	VLAN 10	—	192.168.10.254/24	—
	VLAN 20	—	192.168.20.254/24	—
	VLAN 30	—	192.168.30.254/24	—
	VLAN 40	—	192.168.40.254/24	—
二层交换机 S0	f0/1	10	—	—
	f0/2	10	—	—
	f0/3	10	—	—
	f0/4	trunk	—	—
二层交换机 S1	f0/1	20	—	—
	f0/2	20	—	—
	f0/3	20	—	—
	f0/4	trunk	—	—
二层交换机 S2	f0/1	30	—	—
	f0/2	30	—	—
	f0/3	30	—	—
	f0/4	trunk	—	—
服务器 DHCP	f0	40	192.168.40.1/24	192.168.40.254
服务器 DNS	f0	40	192.168.40.2/24	192.168.40.254
PC0-PC2	f0	10	自动获取	自动获取
PC3-PC5	f0	20	自动获取	自动获取
PC6-PC8	f0	30	自动获取	自动获取
PC9	f0	—	172.16.1.1/24	172.16.1.254

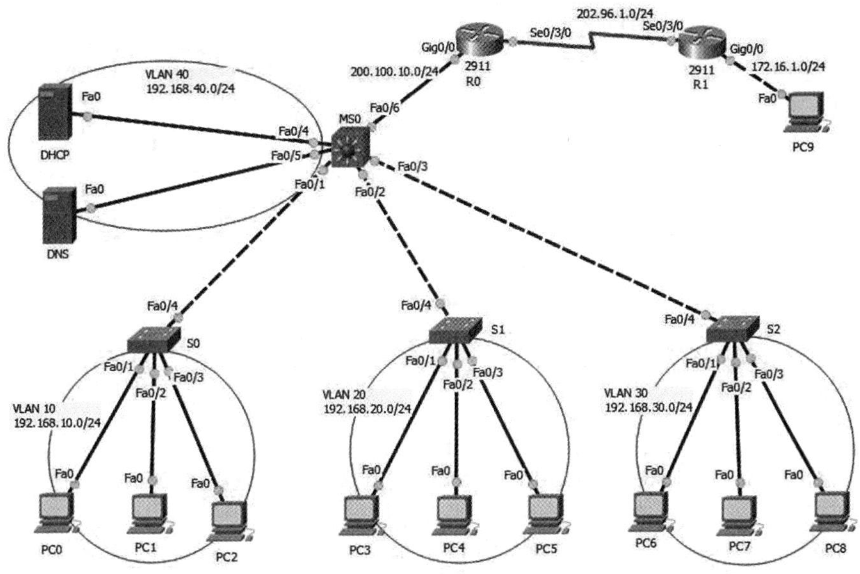

图 9－2　DHCP 实验网络拓扑

(3)配置交换机与路由器

二层交换机的配置任务主要是划分 VLAN,S0 配置命令如下：

```
Switch>en
Switch#conf t
Switch(config)#hostname S0
S0(config)#vlan 10
S0(config-vlan)#exit
S0(config)#int range f0/1-3
S0(config-if-range)#switchport mode access
S0(config-if-range)#switchport access vlan 10
S0(config-if-range)#exit
S0(config)#int f0/4
S0(config-if)#switchport mode trunk
S0(config-if)#switchport trunk allowed vlan 10
S0(config-if)#exit
```

二层交换机 S1 配置命令如下：

```
Switch>en
Switch#conf t
Switch(config)#hostname S1
S1(config)#vlan 20
S1(config-vlan)#exit
S1(config)#int range f0/1-3
S1(config-if-range)#switchport mode access
```

```
S1(config-if-range)#switchport access vlan 20
S1(config-if-range)#exit
S1(config)#int f0/4
S1(config-if)#switchport mode trunk
S1(config-if)#switchport trunk allowed vlan 20S1(config-if)#exit
```

二层交换机 S2 配置命令如下:

```
Switch>en
Switch#conf t
Switch(config)#hostname S2
S2(config)#vlan 30
S2(config-vlan)#exit
S2(config)#int range f0/1-3
S2(config-if-range)#switchport mode access
S2(config-if-range)#switchport access vlan 30
S2(config-if-range)#exit
S2(config)#int f0/4
S2(config-if)#switchport mode trunk
S2(config-if)#switchport trunk allowed vlan 30S2(config-if)#exit
```

三层交换机的配置任务主要包括划分 VLAN、配置 IP 地址、启用路由功能、配置路由协议等，MS0 配置命令如下:

```
Switch>en
Switch#conf t
Switch(config)#hostname MS0
MS0(config)#vlan 10
MS0(config-vlan)#vlan 20
MS0(config-vlan)#vlan 30
MS0(config-vlan)#vlan 40
MS0(config-vlan)#exit
MS0(config)#int f0/1
MS0(config-if)#switchport trunk encapsulation dot1q
MS0(config-if)#switchport mode trunk
MS0(config-if)#switchport trunk allowed vlan 10
MS0(config-if)#exit
MS0(config)#int f0/2
MS0(config-if)#switchport trunk encapsulation dot1q
MS0(config-if)#switchport mode trunk
MS0(config-if)#switchport trunk allowed vlan 20
MS0(config-if)#exit
MS0(config)#int f0/3
MS0(config-if)#switchport trunk encapsulation dot1q
```

```
MS0(config-if)#switchport mode trunk
MS0(config-if)#switchport trunk allowed vlan 30
MS0(config-if)#exit
MS0(config)#int range f0/4-5
MS0(config-if-range)#switchport mode access
MS0(config-if-range)#switchport access vlan 40
MS0(config-if-range)#exit
MS0(config)#int f0/6
MS0(config-if)#no switchport
                                          //关闭二层接口启用三层接口,相当于一个路由器接口
MS0(config-if)#ip add 200.100.10.1 255.255.255.0
                                          //配置接口 IP 地址
MS0(config-if)#exit
MS0(config)#int vlan 10
MS0(config-if)#ip add 192.168.10.254 255.255.255.0
MS0(config-if)#exit
MS0(config)#int vlan 20
MS0(config-if)#ip add 192.168.20.254 255.255.255.0
MS0(config-if)#exit
MS0(config)#int vlan 30
MS0(config-if)#ip add 192.168.30.254 255.255.255.0
MS0(config-if)#exit
MS0(config)#int vlan 40
MS0(config-if)#ip add 192.168.40.254 255.255.255.0
MS0(config-if)#exit
MS0(config)#ip routing                    //开启路由功能
MS0(config)#router rip
MS0(config-router)#version 2
MS0(config-router)#network 192.168.10.0
MS0(config-router)#network 192.168.20.0
MS0(config-router)#network 192.168.30.0
MS0(config-router)#network 192.168.40.0
MS0(config-router)#network 200.100.10.0MS0(config-router)#exit
```

路由器配置任务主要是配置接口 IP 地址和配置路由协议,路由器 R0 配置命令如下:

```
Router>en
Router#conf t
Router(config)#hostname R0
R0(config)#int g0/0
R0(config-if)#ip add 200.100.10.2 255.255.255.0
R0(config-if)#no shutdown
```

```
R0(config-if)#exit
R0(config)#int s0/3/0
R0(config-if)#ip add 202.96.1.1 255.255.255.0
R0(config-if)#no shutdown
R0(config-if)#exit
R0(config)#router rip
R0(config-router)#version 2
R0(config-router)#network 200.100.10.0
R0(config-router)#network 202.96.1.0R0(config-router)#exit
```

路由器 R1 配置命令如下:

```
Router>en
Router#conf t
Router(config)#hostname R1
R1(config)#int s0/3/0
R1(config-if)#ip add 202.96.1.2 255.255.255.0
R1(config-if)#no shutdown
R1(config-if)#exit
R1(config)#int g0/0
R1(config-if)#ip add 172.16.1.254 255.255.255.0
R1(config-if)#no shutdown
R1(config-if)#exit
R1(config)#route rip
R1(config-router)#version 2
R1(config-router)#network 202.96.1.0
R1(config-router)#network 172.16.1.0R1(config-router)#exit
```

(4)配置 DHCP 服务器

打开 DHCP 服务器,选择"Services"选项卡,选中"DHCP"服务开始配置。这个过程主要为 VLAN 10、VLAN 20 和 VLAN 30 配置地址池,如图 9-3 所示。

在此以配置 VLAN 10 地址池为例,详细说明配置过程。首先,在"Pool Name"中输入事先取好的地址池的名字,例如:vlan10-pool;接着在"Default Gateway"中输入 VLAN 10 的默认网关:192.168.10.254,在"DNS Server"中输入本网络的 DNS 服务器地址:192.168.40.2,在"Start IP Address"中输入 VLAN 10 中第一个可用的 IP 地址:192.168.10.1,在"Maximum number of Users"中输入 VLAN 10 中最大可用 IP 地址数:253;最后,点击"Add"按钮即可将 vlan10-pool 添加到 DHCP 服务器中。

以同样的方法配置 VLAN 20 和 VLAN 30 的地址池。配置完三个 VLAN 的地址池后,点击"Service"的"on"按钮,DHCP 服务即可生效。

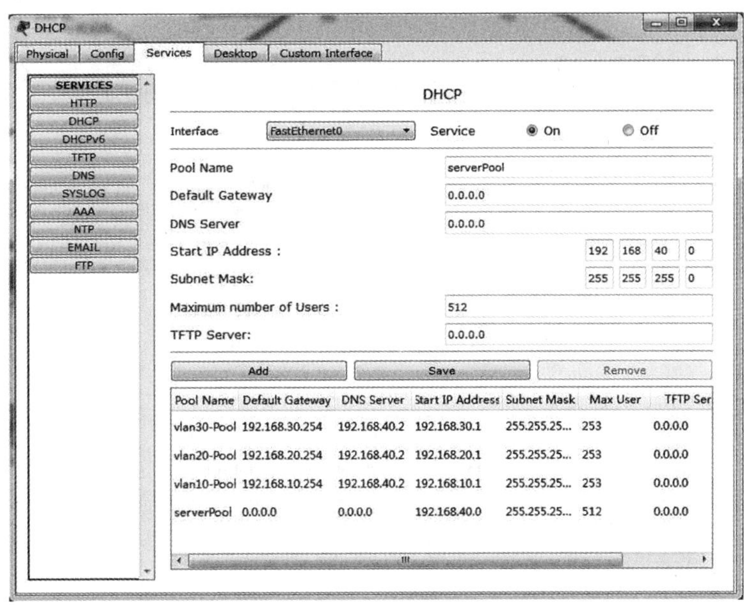

图 9－3　配置 DHCP 服务器

(5)配置 DHCP 中继代理

由于三个 VLAN 与 DHCP 服务器不在同一个子网,三个 VLAN 发出的 DHCP 请求需要三层交换机 MS0 中继转发才能到达 DHCP 服务器,所以需要在 MS0 上配置 DHCP 中继代理功能,配置命令如下。

```
MS0 >en
MS0#conf t
MS0(config)#int vlan 10
MS0(config-if)#ip helper-address 192.168.40.1
                    //为该网段指定上级 DHCP 服务器的地址,同时启用端口的 DHCP 中继功能
MS0(config-if)#int vlan 20
MS0(config-if)#ip helper-address 192.168.40.1
MS0(config-if)#int vlan 30
MS0(config-if)#ip helper-address 192.168.40.1MS0(config-if)#exit
```

(6)验证主机自动获取 IP 地址

上述配置过程完成后,DHCP 服务器和中继代理可以正常工作,一旦有主机发出 DHCP 请求,即可自动获得 IP 地址等参数。打开各 PC 机,在"Desktop"选项卡中,选择"DHCP"作为 IP Configuration 的配置方式,很快可以看到 PC 机自动获取了 IP 地址等参数,如图 9－4 所示。

(7)测试网络连通性

当三个 VLAN 中的主机都通过 DHCP 的方式获得 IP 地址后,可以测试网络的连通性,可以发现全网都可以 ping 通。图 9－5 展示了 PC0 ping 通 PC9 的情况。

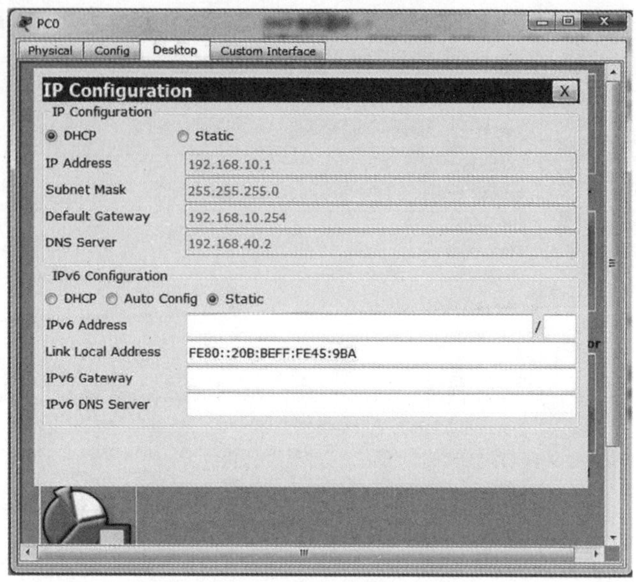

图 9－4　主机自动获取 IP 地址

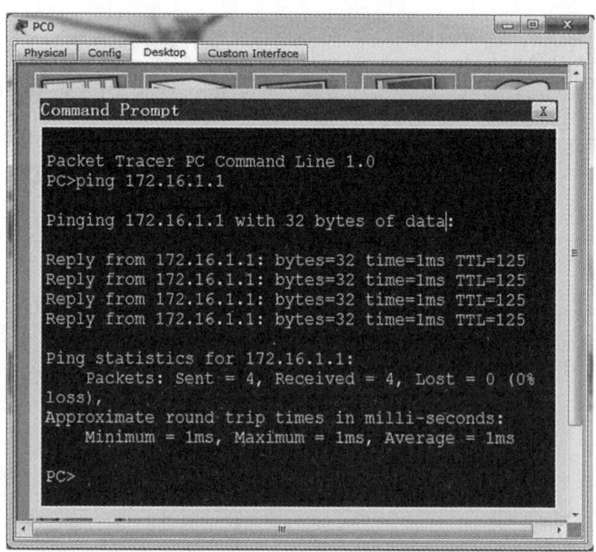

图 9－5　PC0 ping 通 PC9

6. 思考与分析

如果在图 9－2 的 VLAN 10 中加入 1 台 PC 机，连接到交换机 S0 上，请问这台 PC 机可以自动获取 IP 地址吗？如果不能，需要做哪些改动？

第十章　校园网综合设计

本章通过一个校园网的综合设计，既对前面章节所学知识进行巩固和综合应用，又提供给读者一个接近于真实需求的网络综合设计。

10.1　校园网需求分析

某校园中有2栋教学楼、1栋实验楼、1栋行政楼、1栋科研楼、1座图书馆、1栋后勤中心楼、1栋学生宿舍、1栋教工宿舍楼和1栋网络中心楼。要求使用网络将学校各部门和各单位连接起来，形成校园内部网络，并通过路由器接入Internet，满足学校教学、科研和办公需要。校园网的详细需求如下。

1. 功能需求

(1)校园内部终端用户可以使用Internet。

(2)校园网对校内用户提供E－mail、WWW、DNS和DHCP服务，并对外提供E－mail、WWW服务。

(3)校园内部终端(除网络管理员办公室外)采用自动方式获取IP地址等网络参数。

(4)校园内部采用私有IP地址，访问Internet时通过出口路由器进行NAT转换。

(5)进行必要的VLAN划分，便于管理，同时提高网络安全性和灵活性。

(6)可以通过Telnet远程管理交换机和路由器。

2. 安全需求

(1)只允许用户通过对应的应用层协议访问E－mail、WWW、DNS和DHCP服务，禁止其他与服务器之间的通信。

(2)只允许网络管理办公室的终端通过密码对三层交换机和路由器进行Telnet。

10.2　校园网规划设计

1. 网络拓扑结构设计

根据校园实际的物理结构和校园网需求，设计如图10－1所示的网络拓扑结构。校园网网络架构采用内部网络常用的三层架构：接入层——汇聚层——核心层。

接入层以二层交换机为核心,主要负责将各单位和各楼层的终端用户接入网络。二层交换机部署在各楼中,根据需要可采用交换机级联以扩大物理范围。

汇聚层以三层交换机为核心,是接入层的汇聚点,用以减轻核心层的负担。根据校园建筑物理位置,将校园分为教学区、行政区、生活区。每个区部署一台三层交换机,汇聚各区内的建筑楼群。

核心层也以三层交换机为核心,为多个汇聚层提供连接,为进出数据包提供高速转发。核心层交换机部署在网络中心,根据实际需要可部署多台。核心层同时连接校园服务器群和网络管理办公室。

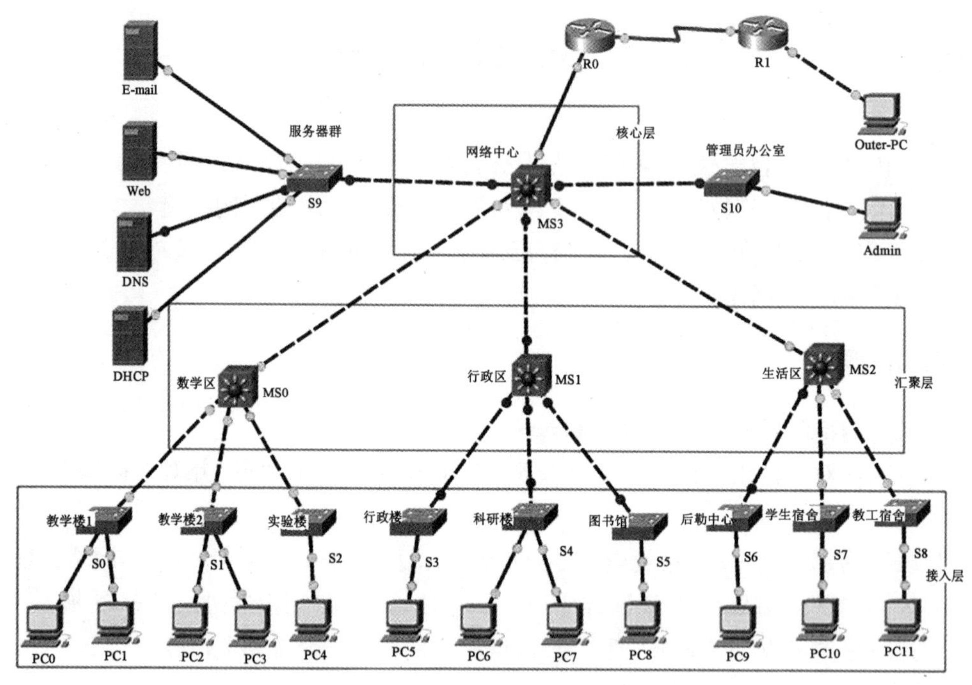

图 10-1 校园网的拓扑结构

2. VLAN 划分

为了便于管理,同时提高校园网的安全性和灵活性,根据学校的实际需求,同一部门划分为同一个 VLAN,同时允许跨教室划分 VLAN,以及特殊情况的 VLAN 划分。校园网的 VLAN 划分如图 10-2 所示。

3. IP 地址设计

为了方便 IP 地址的管理和实现 IP 地址自动获取,根据 VLAN 进行 IP 地址设计,并以 VLAN 的编号作为其网段的子网号,如表 10-1 所示。

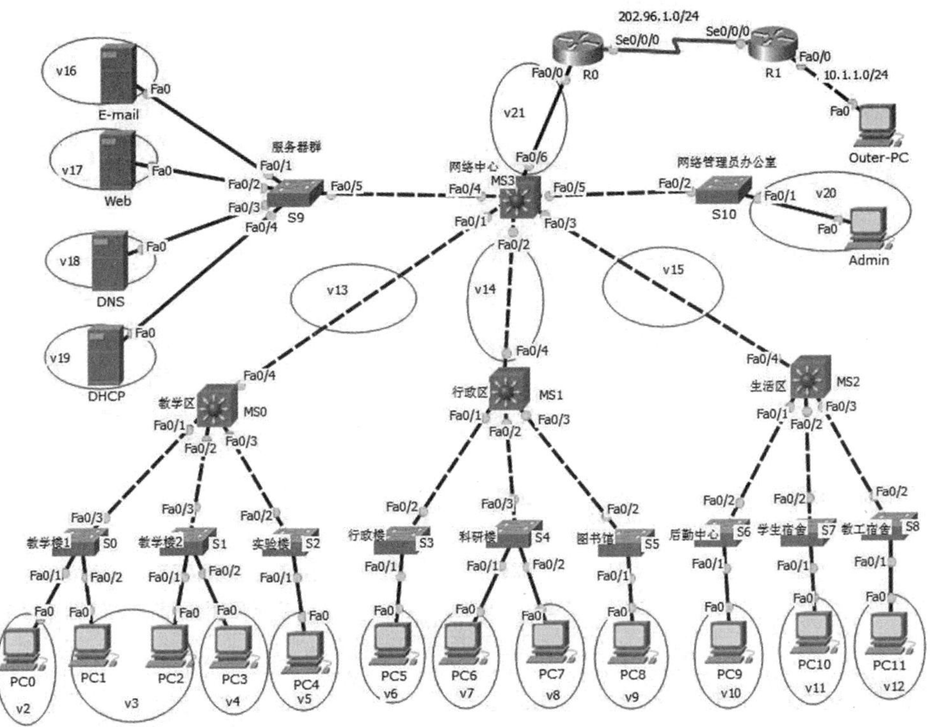

图 10－2　校园网的 VLAN 划分

表 10－1　VLAN 地址分配

VLAN	网络地址	接口地址
v2	192.168.2.0/24	192.168.2.254
v3	192.168.3.0/24	192.168.3.254
v4	192.168.4.0/24	192.168.4.254
v5	192.168.5.0/24	192.168.5.254
v6	192.168.6.0/24	192.168.6.254
v7	192.168.7.0/24	192.168.7.254
v8	192.168.8.0/24	192.168.8.254
v9	192.168.9.0/24	192.168.9.254
v10	192.168.10.0/24	192.168.10.254
v11	192.168.11.0/24	192.168.11.254
v12	192.168.12.0/24	192.168.12.254
v13	192.168.13.0/24	MS0：192.168.13.1 MS3：192.168.13.2
v14	192.168.14.0/24	MS1：192.168.14.1 MS3：192.168.14.2

表 10 - 1(续)

<table>
<tr><th>VLAN</th><th>网络地址</th><th>接口地址</th></tr>
<tr><td>v15</td><td>192.168.15.0/24</td><td>MS2:192.168.15.1
MS3:192.168.15.2</td></tr>
<tr><td>v16</td><td>192.168.16.0/24</td><td>192.168.16.254</td></tr>
<tr><td>v17</td><td>192.168.17.0/24</td><td>192.168.17.254</td></tr>
<tr><td>v18</td><td>192.168.18.0/24</td><td>192.168.18.254</td></tr>
<tr><td>v19</td><td>192.168.19.0/24</td><td>192.168.19.254</td></tr>
<tr><td>v20</td><td>192.168.20.0/24</td><td>192.168.20.254</td></tr>
<tr><td>v21</td><td>192.168.21.0/24</td><td>192.168.21.1</td></tr>
</table>

为了便于后期各设备的命令配置,下面按设备及其接口列出所有 IP 地址规划情况,如表 10 - 2 所示。

表 10 - 2　设备 IP 地址规划

<table>
<tr><th>设备</th><th>接口</th><th>VLAN</th><th>IP 地址</th></tr>
<tr><td rowspan="2">路由器 R1</td><td>f0/0</td><td></td><td>10.1.1.254/24</td></tr>
<tr><td>s0/0/0</td><td></td><td>202.96.1.2/24</td></tr>
<tr><td rowspan="2">出口路由器 R0</td><td>f0/1</td><td></td><td>192.168.21.2/24</td></tr>
<tr><td>s0/0/0</td><td></td><td>202.96.1.1/24</td></tr>
<tr><td rowspan="9">网络中心
三层交换机 MS3</td><td>f0/1</td><td>v13</td><td>192.168.13.2/24</td></tr>
<tr><td>f0/2</td><td>v14</td><td>192.168.14.2/24</td></tr>
<tr><td>f0/3</td><td>v15</td><td>192.168.15.2/24</td></tr>
<tr><td rowspan="4">f0/4</td><td>v16</td><td>192.168.16.254/24</td></tr>
<tr><td>v17</td><td>192.168.17.254/24</td></tr>
<tr><td>v18</td><td>192.168.18.254/24</td></tr>
<tr><td>v19</td><td>192.168.19.254/24</td></tr>
<tr><td>f0/5</td><td>v20</td><td>192.168.20.254/24</td></tr>
<tr><td>f0/6</td><td>v21</td><td>192.168.21.1/254</td></tr>
<tr><td rowspan="6">教学区
三层交换机 MS0</td><td rowspan="2">f0/1</td><td>v2</td><td>192.168.2.254/24</td></tr>
<tr><td>v3</td><td>192.168.3.254/24</td></tr>
<tr><td rowspan="2">f0/2</td><td>v3</td><td>192.168.3.254/24</td></tr>
<tr><td>v4</td><td>192.168.4.254/24</td></tr>
<tr><td>f0/3</td><td>v5</td><td>192.168.5.254/24</td></tr>
<tr><td>f0/4</td><td>v13</td><td>192.168.13.1/24</td></tr>
</table>

表 10－2(续 1)

设备	接口	VLAN	IP 地址
行政区 三层交换机 MS1	f0/1	v6	192.168.6.254/24
	f0/2	v7	192.168.7.254/24
		v8	192.168.8.254/24
	f0/3	v9	192.168.9.254/24
	f0/4	v14	192.168.14.1/24
生活区 三层交换机 MS2	f0/1	v10	192.168.10.254/24
	f0/2	v11	192.168.11.254/24
	f0/3	v12	192.168.12.254/24
	f0/4	v15	192.168.15.1/24
教学楼 1 二层交换机 S0	f0/1	v2	—
	f0/2	v3	—
	f0/3	trunk	—
教学楼 2 二层交换机 S1	f0/1	v3	—
	f0/2	v4	—
	f0/3	trunk	—
实验楼 二层交换机 S2	f0/1	v5	—
	f0/2	trunk	—
行政楼 二层交换机 S3	f0/1	v6	—
	f0/2	trunk	—
科研楼 二层交换机 S4	f0/1	v7	—
	f0/2	v8	—
	f0/3	trunk	—
科研楼 二层交换机 S5	f0/1	v9	—
	f0/2	trunk	—
后勤中心 二层交换机 S6	f0/1	v10	—
	f0/2	trunk	—
学生宿舍 二层交换机 S7	f0/1	v11	—
	f0/2	trunk	—
教工宿舍 二层交换机 S8	f0/1	v12	—
	f0/2	trunk	—
二层交换机 S9	f0/1	v16	—
	f0/2	v17	—
	f0/3	v18	—
	f0/4	v19	—
	f0/5	trunk	—

表 10－2(续 2)

设备	接口	VLAN	IP 地址
二层交换机 S10	f0/1	v20	—
	f0/2	trunk	—
E－mail 服务器	f0	v16	192.168.16.10/24
Web 服务器	f0	v17	192.168.17.10/24
DNS 服务器	f0	v18	192.168.18.10/24
DHCP 服务器	f0	v19	192.168.19.10/24
PC 机 Admin	f0	v20	自动获取
PC0～PC11	f0	—	自动获取
Outer－PC	f0	—	10.1.1.1/24

4. 其他设计

(1)路由协议

为了方便,校园网配置 RIPv2 路由协议。

(2)地址映射方案

假设校园网内部采用 192.168.0.0/16 地址块的地址,出口路由器具有 202.96.1.1～202.96.1.253 范围内的公网 IP。所有服务器采用静态地址映射,V2～V12 以及 V20 采用 PAT 映射,如表 10－3 所示。

表 10－3　校园网内部地址 NAT 映射方案

设备	映射方式	内网 IP	映射后的外网 IP
E－mail 服务器	静态 NAT	192.168.16.10	202.96.1.3
Web 服务器		192.168.17.10	202.96.1.4
DNS 服务器		192.168.18.10	202.96.1.5
DHCP 服务器		192.168.19.10	202.96.1.6
v2～v12、v20	PAT	各 VLAN 的规划地址	202.96.1.10～202.96.1.253

10.3　校园网实现

1. 配置服务器

(1)配置 E－mail 服务器

E－mail 服务器的配置较为简单,主要是添加服务器域名和用户,如图 10－3 所示。服务器域名设计为 mail. abc. com。添加了 3 个用户,便于后期进行测试,3 个用户与网络拓扑中的终端用户对应关系如表 10 -4 所示。

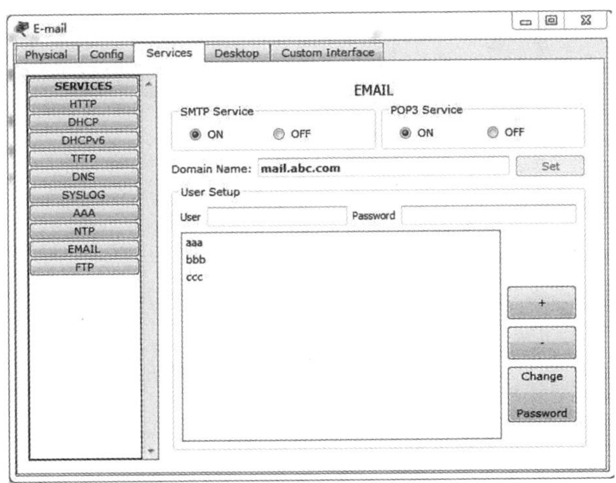

图 10 -3　E - mail 服务器配置

表 10 -4　E - mail 用户与终端用户对应关系

用户	E - mail 地址	密码	对应终端
aaa	aaa@ mail. abc. com	cisco	PC0
bbb	bbb@ mail. abc. com	cisco	PC11
ccc	ccc@ mail. abc. com	cisco	Outer - PC

(2)配置 Web 服务器

如图 10 -4 所示,可在此界面增加、移除或编辑 html 文件。本实验为了简单起见,不做任何修改,使用软件的默认文件。

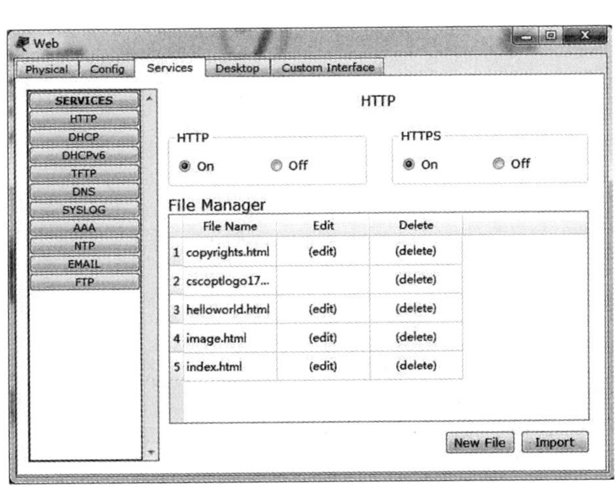

图 10 -4　Web 服务器的配置界面

(3)配置 DNS 服务器

DNS 服务器的配置主要是添加域名和对应 IP 地址的记录,如图 10-5 所示。为了方便测试,本实验添加了 Web 服务器和 E-mail 服务器的域名与其 IP 地址映射的记录。

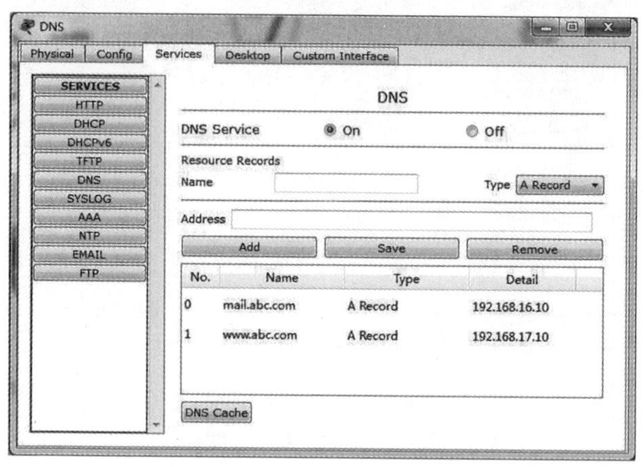

图 10-5　DNS 服务器配置

(4)配置 DHCP 服务器

根据校园网功能需求,校内终端 PC 机自动获取 IP 地址。为此,为各 VLAN 设计地址池(表 10-5),便于连接在 VLAN 2 ~ VLAN 12 以及 VLAN 20 的终端通过 DHCP 自动从 DHCP 服务器获取 IP 地址等参数。DHCP 服务器配置的界面,如图 10-6 所示。

表 10-5　VLAN 与对应的 IP 地址池

<table>
<tr><th>地址池</th><th>IP 地址范围</th><th>子网掩码</th><th>默认网关</th><th>DNS</th></tr>
<tr><td>v2-pool</td><td>192.168.2.1 ~192.168.2.253</td><td rowspan="12">255.255.255.0</td><td>192.168.2.254</td><td rowspan="12">192.168.18.10</td></tr>
<tr><td>v3-pool</td><td>192.168.3.1 ~192.168.3.253</td><td>192.168.3.254</td></tr>
<tr><td>v4-pool</td><td>192.168.4.1 ~192.168.4.253</td><td>192.168.4.254</td></tr>
<tr><td>v5-pool</td><td>192.168.5.1 ~192.168.5.253</td><td>192.168.5.254</td></tr>
<tr><td>v6-pool</td><td>192.168.6.1 ~192.168.6.253</td><td>192.168.6.254</td></tr>
<tr><td>v7-pool</td><td>192.168.7.1 ~192.168.7.253</td><td>192.168.7.254</td></tr>
<tr><td>v8-pool</td><td>192.168.8.1 ~192.168.8.253</td><td>192.168.8.254</td></tr>
<tr><td>v9-pool</td><td>192.168.9.1 ~192.168.9.253</td><td>192.168.9.254</td></tr>
<tr><td>v10-pool</td><td>192.168.10.1 ~192.168.10.253</td><td>192.168.10.254</td></tr>
<tr><td>v11-pool</td><td>192.168.11.1 ~192.168.11.253</td><td>192.168.11.254</td></tr>
<tr><td>v12-pool</td><td>192.168.12.1 ~192.168.12.253</td><td>192.168.12.254</td></tr>
<tr><td>v20-pool</td><td>192.168.20.1 ~192.168.20.253</td><td>192.168.20.254</td></tr>
</table>

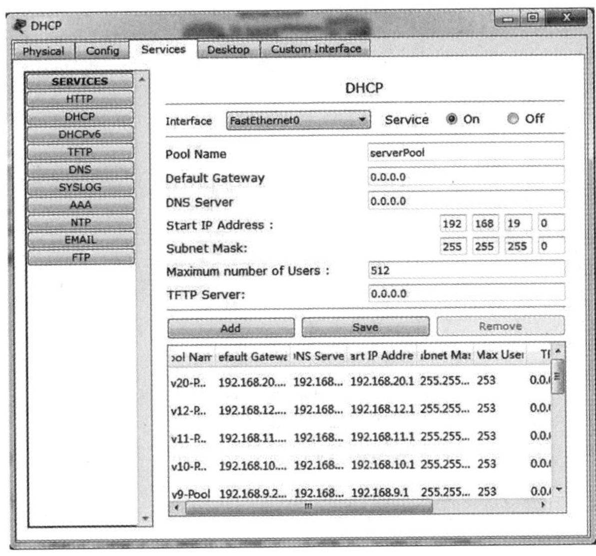

图 10－6　DHCP 服务器配置界面

2. 配置 PC 机

为了方便测试,需要配置外部主机 Outer－PC,主要包括两个方面:一是配置 IP 地址参数等,二是创建 E－mail 用户,方便进行校园网 E－mail 服务测试。

图 10－7 展示了 Outer－PC 的 IP 地址配置,需要说明的是,DNS Server 配置为 202.96.1.5,这是校园网内部 DNS 服务器对外映射的公网 IP 地址,之所以设置为这个 IP 地址,主要为了方便模拟外网访问校园网内部的 E－mail 服务器和 Web 服务器,即依靠 DNS 服务器 202.96.1.5 进行解析。一般来说,外网主机本地有 DNS Server 可以解析的话,这个地址就写本地 DNS Server 的地址。

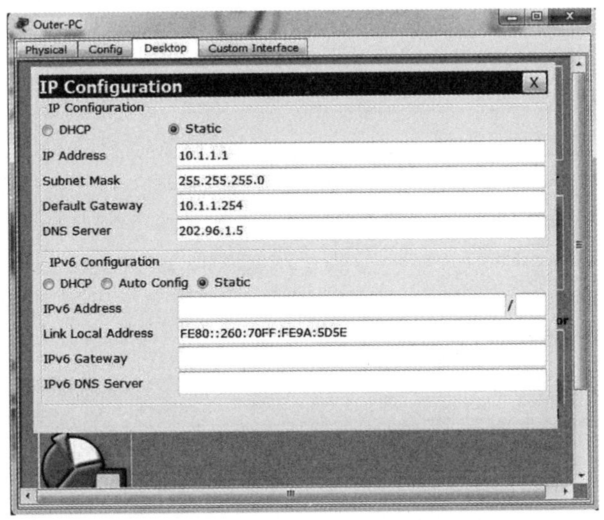

图 10－7　Outer－PC 的 IP 地址配置

图 10－8 展示了 Outer－PC 主机创建 E－mail 用户的情况，根据表 10－4 的设计，在 Outer－PC 上创建 ccc@ mail. abc. com 用户，在 PC0 和 PC11 上分别创建 aaa@ mail. abc. com 和 bbb@ mail. abc. com。

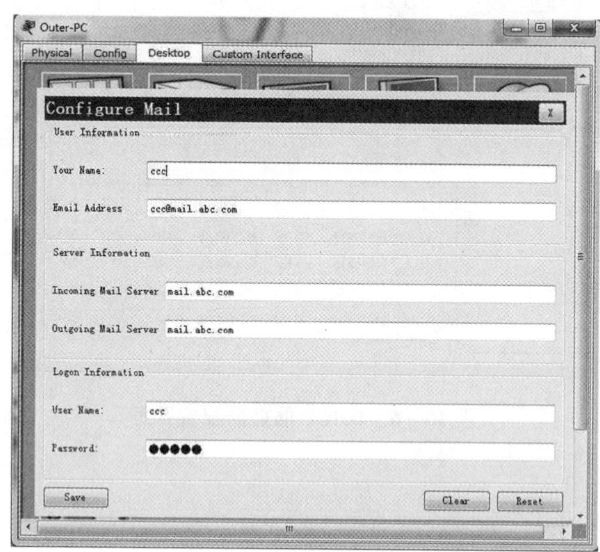

图 10－8 Outer－PC 创建 E－mail 账户

3. 配置路由器和交换机

(1)配置路由器

外网路由器 R1 的配置主要包括分配接口 IP 地址和配置路由协议，配置命令如下：

```
Router>en
Router#conf t
Router(config)#hostname R1
R1(config)#int f0/0
R1(config-if)#ip add 10.1.1.254 255.255.255.0
R1(config-if)#no shutdown
R1(config-if)#exit
R1(config)#ints0/0/0
R1(config-if)#ip add202.96.1.2 255.255.255.0
R1(config-if)#no shutdown
R1(config-if)#exit
R1(config)#router rip
R1(config-router)#version 2
R1(config-router)#no auto-summary
R1(config-router)#network 202.96.1.0
R1(config-router)#network 10.1.1.0
R1(config-router)#exit
```

校园网出口路由器 R0 的配置主要包括：分配接口 IP 地址、配置路由协议、创建 ACL 并进行地址转换，创建虚拟终端 VTY 以便进行 Telnet 等，配置命令如下：

```
Router>en
Router#conf t
Router(config)#hostname R0
R0(config)#int f0/0
R0(config-if)#ip add 192.168.21.2 255.255.255.0
R0(config-if)#no shutdown
R0(config-if)#exit
R0(config)#int s0/0/0
R0(config-if)#ip add 202.96.1.1 255.255.255.0
R0(config-if)#no shutdown
R0(config-if)#exit
R0(config)#router rip
R0(config-router)#version 2
R0(config-router)#no auto-summary
R0(config-router)#network 192.168.21.0
R0(config-router)#network 202.96.1.0
R0(config-router)#exit

R0(config)#int f0/0
R0(config-if)#ip nat inside
R0(config-if)#int s0/0/0
R0(config-if)#ip nat outside
R0(config-if)#exit
R0(config)#ip nat inside source static 192.168.16.10 202.96.1.3
R0(config)#ip nat inside source static 192.168.17.10 202.96.1.4
R0(config)#ip nat inside source static 192.168.18.10 202.96.1.5
R0(config)#ip nat inside source static 192.168.19.10 202.96.1.6
R0(config)#access-list 1 permit 192.168.2.0 0.0.0.255
R0(config)#access-list 1 permit 192.168.3.0 0.0.0.255
R0(config)#access-list 1 permit 192.168.4.0 0.0.0.255
R0(config)#access-list 1 permit 192.168.5.0 0.0.0.255
R0(config)#access-list 1 permit 192.168.6.0 0.0.0.255
R0(config)#access-list 1 permit 192.168.7.0 0.0.0.255
R0(config)#access-list 1 permit 192.168.8.0 0.0.0.255
R0(config)#access-list 1 permit 192.168.9.0 0.0.0.255
R0(config)#access-list 1 permit 192.168.10.0 0.0.0.255
R0(config)#access-list 1 permit 192.168.11.0 0.0.0.255
R0(config)#access-list 1 permit 192.168.12.0 0.0.0.255
```

```
R0(config)#access-list 1 permit 192.168.13.0 0.0.0.255
R0(config)#access-list 1 permit 192.168.14.0 0.0.0.255
R0(config)#access-list 1 permit 192.168.15.0 0.0.0.255
R0(config)#access-list 1 permit 192.168.16.0 0.0.0.255
R0(config)#access-list 1 permit 192.168.17.0 0.0.0.255
R0(config)#access-list 1 permit 192.168.18.0 0.0.0.255
R0(config)#access-list 1 permit 192.168.19.0 0.0.0.255
R0(config)#access-list 1 permit 192.168.20.0 0.0.0.255
R0(config)#access-list 1 permit 192.168.21.0 0.0.0.255
R0(config)#ip nat pool vlan_pool 202.96.1.10 202.96.1.253 netmask 255.255.255.0
R0(config)#ip nat inside source list 1 pool vlan_pool overload
R0(config)#enable secret cisco
R0(config)#access-list 2 permit 192.168.20.0 0.0.0.255
R0(config)#line vty 0 4
R0(config-line)#password 123456
R0(config-line)#access-class 2 in
R0(config-line)#end
```

(2)配置交换机

核心交换机MS3的配置任务包括:创建VLAN、划分VLAN、设置VLAN接口IP地址、配置路由协议、创建ACL和VTY以便Telnet、创建ACL限制对服务器的访问等,配置命令如下:

```
Switch>en
Switch#conf t
Switch(config)#hostname MS3
MS3(config)#vlan 13
MS3(config-vlan)#name v13
MS3(config-vlan)#vlan 14
MS3(config-vlan)#name v14
MS3(config-vlan)#vlan 15
MS3(config-vlan)#name v15
MS3(config-vlan)#vlan 16
MS3(config-vlan)#name v16
MS3(config-vlan)#vlan 17
MS3(config-vlan)#name v17
MS3(config-vlan)#vlan 18
MS3(config-vlan)#name v18
MS3(config-vlan)#vlan 19
MS3(config-vlan)#name v19
MS3(config-vlan)#vlan 20
```

```
MS3(config-vlan)#name v20
MS3(config-vlan)#vlan 21
MS3(config-vlan)#name v21
MS3(config-vlan)#exit
MS3(config)#int f0/1
MS3(config-if)#switchport mode access
MS3(config-if)#switchport access vlan 13
MS3(config-if)#exit
MS3(config)#int f0/2
MS3(config-if)#switchport mode access
MS3(config-if)#switchport access vlan 14
MS3(config-if)#exit
MS3(config)#int f0/3
MS3(config-if)#switchport mode access
MS3(config-if)#switchport access vlan 15
MS3(config-if)#exit
MS3(config)#int f0/4
MS3(config-if)#switchport trunk encapsulation dot1q
MS3(config-if)#switchport mode trunk
MS3(config-if)#switchport trunk allowed vlan 16-19
MS3(config-if)#exit
MS3(config)#int f0/5
MS3(config-if)#switchport trunk encapsulation dot1q
MS3(config-if)#switchport mode trunk
MS3(config-if)#switchport trunk allowed vlan 20
MS3(config-if)#exit
MS3(config)#int f0/6
MS3(config-if)#switchport mode access
MS3(config-if)#switchport access vlan 21
MS3(config-if)#exit
MS3(config)#int vlan 13
MS3(config-if)#ip add 192.168.13.2 255.255.255.0
MS3(config-if)#exit
MS3(config)#int vlan 14
MS3(config-if)#ip add 192.168.14.2 255.255.255.0
MS3(config-if)#exit
MS3(config)#int vlan 15
MS3(config-if)#ip add 192.168.15.2 255.255.255.0
MS3(config-if)#exit
MS3(config)#int vlan 16
MS3(config-if)#ip add 192.168.16.254 255.255.255.0
```

```
MS3(config-if)#exit
MS3(config)#int vlan 17
MS3(config-if)#ip add 192.168.17.254 255.255.255.0
MS3(config-if)#exit
MS3(config)#int vlan 18
MS3(config-if)#ip add 192.168.18.254 255.255.255.0
MS3(config-if)#exit
MS3(config)#int vlan 19
MS3(config-if)#ip add 192.168.19.254 255.255.255.0
MS3(config-if)#exit
MS3(config)#int vlan 20
MS3(config-if)#ip add 192.168.20.254 255.255.255.0
MS3(config-if)#exit
MS3(config)#int vlan 21
MS3(config-if)#ip add 192.168.21.1 255.255.255.0
MS3(config-if)#exit
MS3(config)#ip routing
MS3(config)#router rip
MS3(config-router)#version 2
MS3(config-router)#network 192.168.13.0
MS3(config-router)#network 192.168.14.0
MS3(config-router)#network 192.168.15.0
MS3(config-router)#network 192.168.16.0
MS3(config-router)#network 192.168.17.0
MS3(config-router)#network 192.168.18.0
MS3(config-router)#network 192.168.19.0
MS3(config-router)#network 192.168.20.0
MS3(config-router)#network 192.168.21.0
MS3(config-router)#exit
MS3(config)#enable secret cisco
MS3(config)#access-list 1 permit 192.168.20.0 0.0.0.255
MS3(config)#line vty 0 4
MS3(config-line)#password 123456
MS3(config-line)#access-class 1 in
MS3(config-line)#exit
MS3(config)#access-list 101 permit tcp any host 192.168.16.10 eq smtp
MS3(config)#access-list 101 permit tcp any host 192.168.16.10 eq pop3
MS3(config)#access-list 102 permit tcp any host 192.168.17.10 eq www
MS3(config)#access-list 103 permit udp any host 192.168.18.10 eq 53
MS3(config)#access-list 104 permit udp any eq 68 host 192.168.19.10 eq 67
MS3(config)#int vlan 16
```

```
MS3(config-if)#ip access-group 101 out
MS3(config-if)#exit
MS3(config)#int vlan 17
MS3(config-if)#ip access-group 102 out
MS3(config-if)#exit
MS3(config)#int vlan 18
MS3(config-if)#ip access-group 103 out
MS3(config-if)#exit
MS3(config)#int vlan 19
MS3(config-if)#ip access-group 104 out
MS3(config-if)#exit
```

汇聚层交换机 MS0、MS1 和 MS2 的主要配置任务相似，主要包括：创建 VLAN、划分 VLAN、配置 VLAN 接口 IP 地址、配置路由协议、配置 DHCP 中继代理、创建 ACL 和 VTY 便于 Telnet 等，下面给出 MS0 的配置命令，MS1 和 MS2 的配置命令省略。

```
Switch>en
Switch#conf t
Switch(config)#hostname MS0
MS0(config)#vlan 2
MS0(config-vlan)#name v2
MS0(config-vlan)#vlan 3
MS0(config-vlan)#name v3
MS0(config-vlan)#vlan 4
MS0(config-vlan)#name v4
MS0(config-vlan)#vlan 5
MS0(config-vlan)#name v5
MS0(config-vlan)#vlan 13
MS0(config-vlan)#name v13
MS0(config-vlan)#exit
MS0(config)#int f0/1
MS0(config-if)#switchport trunk encapsulation dot1q
MS0(config-if)#switchport mode trunk
MS0(config-if)#switchport trunk allowed vlan 2-3
MS0(config-if)#exit
MS0(config)#int f0/2
MS0(config-if)#switchport trunk encapsulation dot1q
MS0(config-if)#switchport mode trunk
MS0(config-if)#switchport trunk allowed vlan 3-4
MS0(config-if)#exit
MS0(config)#int f0/3
MS0(config-if)#switchport trunk encapsulation dot1q
```

```
MS0(config-if)#switchport mode trunk
MS0(config-if)#switchport trunk allowed vlan 5
MS0(config-if)#int f0/4
MS0(config-if)#switchport mode access
MS0(config-if)#switchport access vlan 13
MS0(config-if)#exit
MS0(config)#int vlan 2
MS0(config-if)#ip add 192.168.2.254 255.255.255.0
MS0(config-if)#exit
MS0(config)#int vlan 3
MS0(config-if)#ip add 192.168.3.254 255.255.255.0
MS0(config-if)#exit
MS0(config)#int vlan 4
MS0(config-if)#ip add 192.168.4.254 255.255.255.0
MS0(config-if)#exit
MS0(config)#int vlan 5
MS0(config-if)#ip add 192.168.5.254 255.255.255.0
MS0(config-if)#exit
MS0(config)#int vlan 13
MS0(config-if)#ip add 192.168.13.1 255.255.255.0
MS0(config-if)#exit
MS0(config)#ip routing
MS0(config)#router rip
MS2(config-router)#version 2
MS0(config-router)#network 192.168.2.0
MS0(config-router)#network 192.168.3.0
MS0(config-router)#network 192.168.4.0
MS0(config-router)#network 192.168.5.0
MS0(config-router)#network 192.168.13.0
MS0(config-router)#exit
MS0(config)#int vlan 2
MS0(config-if)#ip helper-address 192.168.19.10
MS0(config-if)#int vlan 3
MS0(config-if)#ip helper-address 192.168.19.10
MS0(config-if)#int vlan 4
MS0(config-if)#ip helper-address 192.168.19.10
MS0(config-if)#int vlan 5
MS0(config-if)#ip helper-address 192.168.19.10
MS0(config-if)#exit
MS0(config)#enable secret cisco
MS0(config)#access-list 1 permit 192.168.20.0 0.0.0.255
```

```
MS0(config)#line vty 0 4
MS0(config-line)#password 123456
MS0(config-line)#access-class 1 in
MS0(config-line)#end
```

接入层交换机 S0 ~ S10 的配置任务主要是创建 VLAN 和划分 VLAN，下面以 S0 为例展示其配置命令如下：

```
Switch>en
Switch#conf t
Switch(config)#hostname S0
S0(config)#vlan 2
S0(config-vlan)#name v2
S0(config-vlan)#vlan 3
S0(config-vlan)#name v3
S0(config-vlan)#exit
S0(config)#int f0/1
S0(config-if)#switchport mode access
S0(config-if)#switchport access vlan 2
S0(config-if)#exit
S0(config)#int f0/2
S0(config-if)#switchport mode access
S0(config-if)#switchport access vlan 3
S0(config-if)#exit
S0(config)#int f0/3
S0(config-if)#switchport mode trunk
```

10.4　校园网测试

根据校园网需求分析提出的功能需求和安全需求进行测试，验证网络的设计和实现是否满足要求。

1. 网络连通性测试

(1)访问外网

从 PC0 去 ping Outer - PC，结果如图 10 - 9 所示，证明校园网内部用户可以访问 Internet。

(2)内网互通

从 PC0 去 ping PC11，结果如图 10 - 10 所示，证明校园网内部用户可以互相访问。

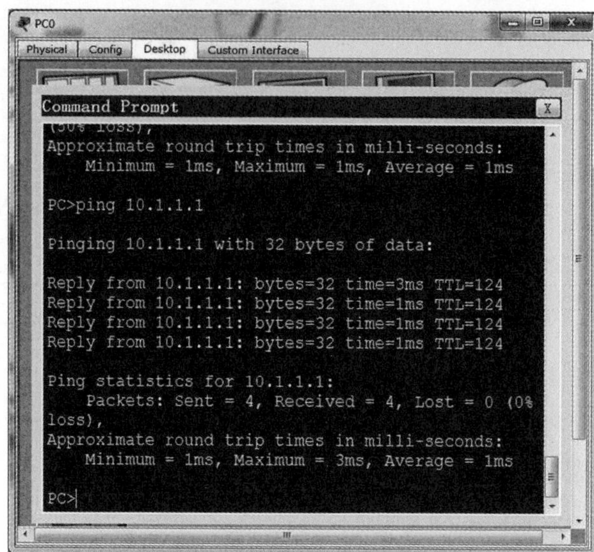

图 10－9　PC0 ping 通外网主机

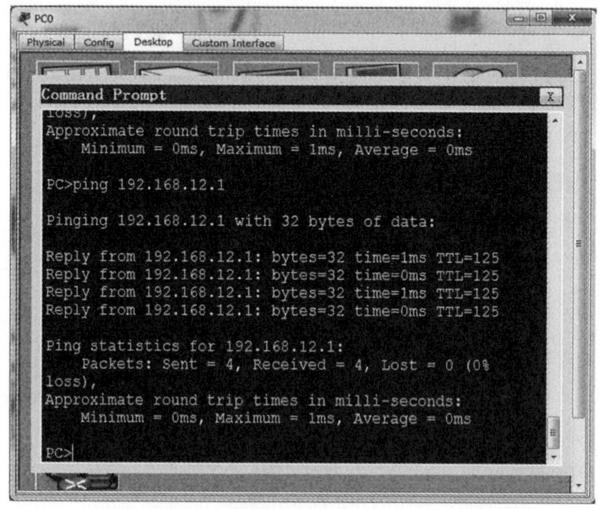

图 10－10　PC0 ping 通内网主机 PC11

2. 服务器测试

(1)服务器功能测试

图 10－11 展示了外网主机访问 Web 服务器的结果,证明校园网 Web 服务器可以对外提供服务。

为了测试 E－mail 服务器提供的服务,从 Outer－PC 发一份邮件到 PC0,查看是否收发成功。在 Outer－PC 中打开 E－mail 应用,点击“Compose Mail”,发一份邮件到 PC0,如图 10－12 所示。

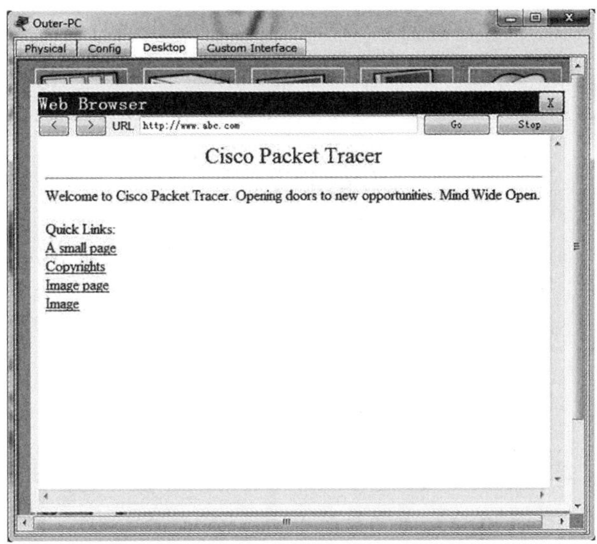

图 10－11　外网主机访问内部 Web 服务器

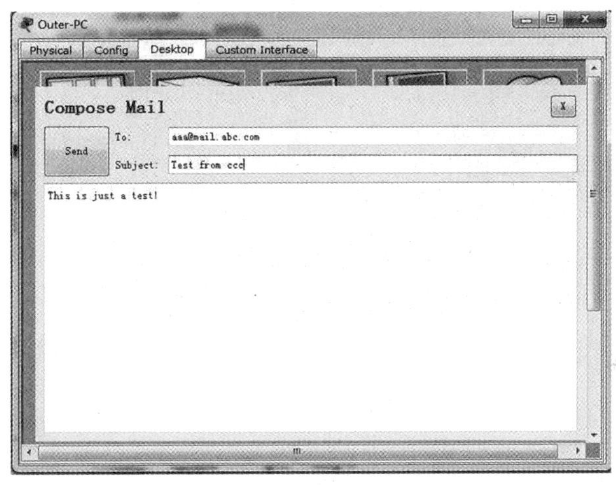

图 10－12　从 Outer－PC 发邮件到 PC0

打开 PC0 的 E－mail 应用，点击“Receive”按钮接收邮件，如图 10－13 所示，可以看到 Outer－PC 发出的邮件被 PC0 成功收到，证明 E－mail 服务器可以为内外网主机提供服务。

（2）服务器安全保护测试

从 PC0 去 ping E－mail 服务器，结果显示目的主机不可达，如图 10－14 所示，证明内网主机 ping 不通 E－mail 服务，同样也可以证明内网主机也 ping 不通其他服务器。

从 Outer－PC 去 ping Web 服务器，结果显示超时，如果从 Outer－PC 去 ping 202.96.1.4（Web 服务器对外的公网地址），则显示目的主机不可达，如图 10－15 所示，证明服务器拒绝了非 WWW 服务的请求，达到了设计的要求。

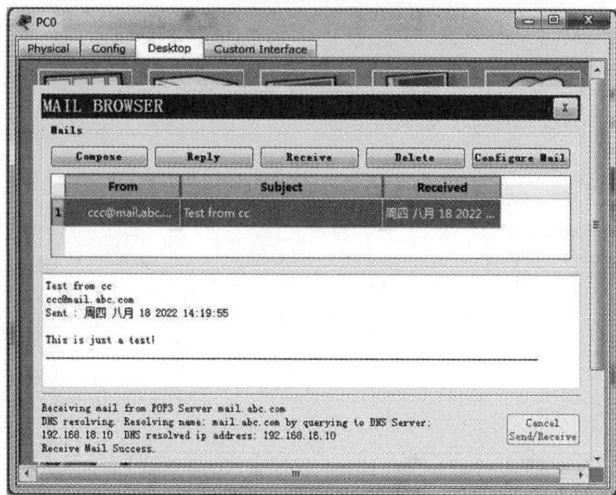

图 10－13　PC0 收到 Outer－PC 发送的邮件

```
PC>ping 192.168.16.10

Pinging 192.168.16.10 with 32 bytes of data:

Reply from 192.168.13.2: Destination host unreachable.
Reply from 192.168.13.2: Destination host unreachable.
Reply from 192.168.13.2: Destination host unreachable.
Reply from 192.168.13.2: Destination host unreachable.

Ping statistics for 192.168.16.10:
    Packets: Sent = 4, Received = 0, Lost = 4 (100%
loss),

PC>
```

图 10－14　PC0 ping 不通 E－mail 服务器

```
PC>ping 192.168.17.10

Pinging 192.168.17.10 with 32 bytes of data:

Request timed out.
Request timed out.
Request timed out.
Request timed out.

Ping statistics for 192.168.17.10:
    Packets: Sent = 4, Received = 0, Lost = 4 (100% loss),

PC>ping 202.96.1.4

Pinging 202.96.1.4 with 32 bytes of data:

Reply from 202.96.1.4: Destination host unreachable.
Reply from 202.96.1.4: Destination host unreachable.
Reply from 202.96.1.4: Destination host unreachable.
Reply from 202.96.1.4: Destination host unreachable.

Ping statistics for 202.96.1.4:
    Packets: Sent = 4, Received = 0, Lost = 4 (100% loss),

PC>
```

图 10－15　Outer－PC ping 不通 Web 服务器

3. IP 地址自动获取测试

图 10－16 展示了终端主机可以通过 DHCP 自动获取 IP 地址等参数。

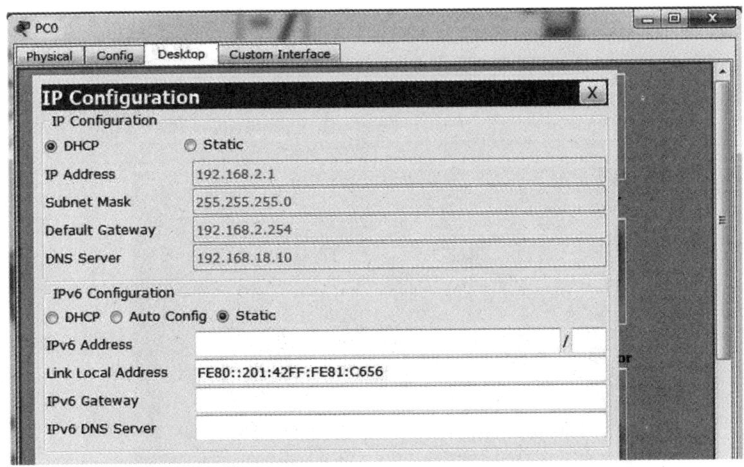

图 10－16　终端主机可以自动获取 IP 地址

4. NAT 地址转换查看

在路由器 R0 上查看 NAT 转换表，如图 10－17，可以看出 NAT 路由器正常工作，表明配置正确。

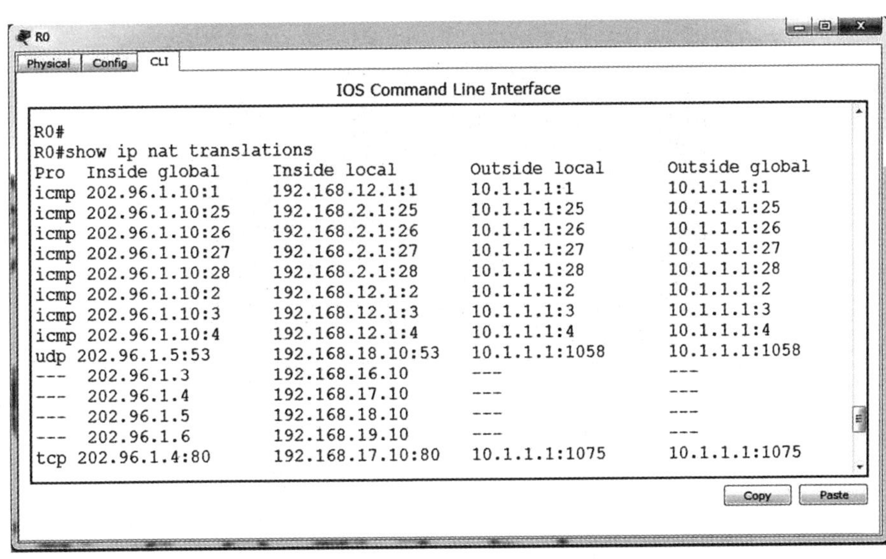

图 10－17　查看路由器 R0 的路由表

5. Telnet 测试

从 Admin 去 Telnet 路由 R0,结果如图 10 – 18 所示,结果证明 Admin 可以 Telnet 路由器 R0,也可以验证 Admin 可以 Telnet 三层交换机。

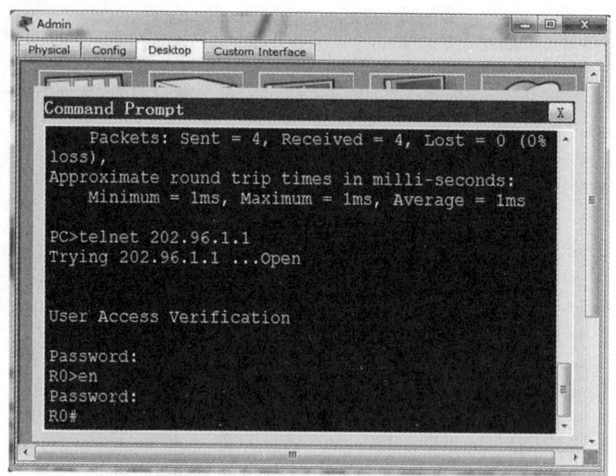

图 10 – 18　网络管理员主机可以 Telnet 路由器 R0

从 PC0 尝试去 Telnet 路由器 R0,被拒绝,如图 10 – 19 所示,证明只允许网络管理员主机 Telnet 路由器和三层交换机的设计要求得到满足。

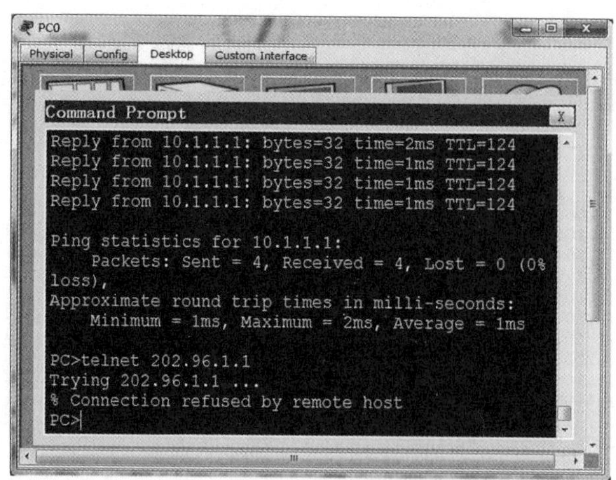

图 10 – 19　PC0 telnet 路由器被拒绝